Peter Classen · Eike Wolgast

Kleine Geschichte
der
Universität Heidelberg

Springer-Verlag
Berlin · Heidelberg · New York
1983

Prof. Dr. Peter Classen †
Prof. Dr. Eike Wolgast
Historisches Seminar der Universität Heidelberg
Neue Universität, Südflügel
Postfach 10 57 60
6900 Heidelberg 1

ISBN-13: 978-3-540-12112-1 e-ISBN-13: 978-3-642-95427-6
DOI: 10.1007/978-3-642-95427-6

CIP-Kurztitelaufnahme der Deutschen Bibliothek
Classen, Peter: Kleine Geschichte der Universität Heidelberg / P. Classen; E. Wolgast. –
Berlin; Heidelberg; New York: Springer 1983
ISBN-13: 978-3-540-12112-1

NE: Wolgast, Eike

Das Werk ist urheberrechtlich geschützt. Die dadurch begründeten Rechte, insbesondere die der Übersetzung, des Nachdrucks, der Entnahme von Abbildungen, der Funksendung, der Wiedergabe auf photomechanischem oder ähnlichem Wege und der Speicherung in Datenverarbeitungsanlagen bleiben, auch bei nur auszugsweiser Verwertung, vorbehalten. Die Vergütungsansprüche des § 54, Abs. 2 UrhG werden durch die „Verwertungsgesellschaft Wort", München, wahrgenommen.

© Springer-Verlag Berlin Heidelberg 1983

Die Wiedergabe von Gebrauchsnamen, Handelsnamen, Warenbezeichnungen usw. in diesem Werk berechtigt auch ohne besondere Kennzeichnung nicht zu der Annahme, daß solche Namen im Sinne der Warenzeichen- und Markenschutz-Gesetzgebung als frei zu betrachten wären und daher von jedermann benutzt werden dürften.

Gesamtherstellung: Graphischer Betrieb Konrad Triltsch, Würzburg

Geleitwort

Seit längerem fehlt eine knapp gefaßte und zugleich wissenschaftlich wohl begründete Universitätsgeschichte, die über den Kreis der Historiker hinaus ein größeres Publikum anspricht. Professor Dr. phil. Peter Classen, ausgewiesen als bester Kenner der mittelalterlichen Geschichte, ließ sich für die Aufgabe gewinnen. Bei seinem frühen Tod im Dezember 1980 lag ein Manuskript, mit Auslassungen im 15. und 18. Jahrhundert, für die Zeit bis zum Übergang Heidelbergs an Baden vor. Professor Dr. phil. Eike Wolgast, der die Neuere Geschichte an unserer Universität vorzüglich vertritt, fand sich dazu bereit, das Werk zu Ende zu führen. Er füllte die Lücken und fügte die Geschichte der Ruperto Carola im 19. und 20. Jahrhundert hinzu. So vereint das Buch denn zwei Handschriften. Die verhältnismäßig größere Ausführlichkeit des zweiten Teils hat ihren guten Grund: für diesen Zeitraum fehlt eine moderne Gesamtdarstellung ganz. Vollständigkeit ließ sich freilich bei dem vorgegebenen Umfang der Schrift nicht anstreben.

Beide Autoren haben sich mit ihrer Arbeit den Dank der Ruprecht-Karls-Universität und ihrer Freunde verdient, desgleichen der Verlag, der das Werk bereitwillig förderte, und die Universitätsgesellschaft, die zu den Druckkosten beitrug.

Heidelberg, im November 1982   Adolf Laufs
                                                                          Rektor

Inhaltsverzeichnis

Gründung und Entfaltung
1

Blüte und Verfall (16.–18. Jahrhundert)
17

Heidelberg im 19. Jahrhundert
35

Republik und Diktatur 1918–1945
79

Neubeginn und Expansion
107

Ausgewählte Literatur
117

Gründung und Entfaltung

Am 18. Oktober 1386, einem Donnerstag, feierten drei Magister „in Anwesenheit aller bisher angekommenen Scholaren" in der Heiliggeistkirche zu Heidelberg die Messe „für den Beginn und die Fortführung des Studiums, zur Ehre Gottes und zur Erleuchtung der Kirche". Das Studium selbst nahm seinen Anfang am folgenden Tag mit Vorlesungen Reginalds von Aulne, eines in Paris promovierten Doktors der Theologie, über den Titusbrief sowie der Magistri artium Marsilius von Inghen und Heylmann Wunnenberger aus Worms über Logik und Physik des Aristoteles – der Ort dieser ersten Lehrveranstaltungen ist unbekannt. Wenige Wochen später traf als dritter Magister artium Dietmar von Schwerte ein; damit hatte man eine wahlfähige Körperschaft und konnte am 17. November den Magister Marsilius von Inghen zum ersten Rektor wählen. Nach Pariser Vorbild war das eine Sache der Artisten allein; immerhin erlaubte man dem Theologen, anwesend zu sein, als sich auf diese Weise die das Studium tragende Korporation konstituierte. Am 22. November beschlossen alle im Franziskaner-Kloster (am heutigen Karlsplatz) versammelten Magister und Scholaren, eine Matrikel anzulegen. In dieses heute noch erhaltene Buch wurden bis zum Ablauf des dritten (Vierteljahres-)Rektorats 482 Personen eingetragen, darunter zwei Doktoren der Theologie, ein Doktor und ein Licentiat des Kanonischen Rechts, ein Licentiat der Medizin und 27 Magistri artium – insgesamt also 32 Lehrer, dazu 24 Baccalaurei artium. Die Gründung der Universität Heidelberg war gelungen.

Die erste Voraussetzung dafür hatte das Privileg des römischen Papstes Urban VI. vom 23. Oktober 1385 gebildet; denn ohne päpstliche Autorität konnte keine Universität die allgemeine Anerkennung ihrer akademischen Grade erwarten. Kurfürst Ruprecht I. hatte das Privileg erworben und am 26. Juni 1386 mit seinem Neffen und Großneffen die Gründung der Universität beschlossen – der eigentliche Stiftungstag der Heidelberger Universität. Am 1. Oktober 1386 hatte er 5 Urkunden ausgestellt, die das Studium in seiner Residenzstadt begründeten und die Universität mit zahlreichen Rechten und Freiheiten nach dem Muster von Paris ausstatteten. Die schon im 12. Jahrhundert entstandene Universität Paris galt als Modell und Vorbild aller Universitäten, die vor allem Philosophie und Theologie trieben, während das ebenso alte Bologna das Muster für alle Juristen-Universitäten bildete. Es gab schon mindestens 2 Dutzend solcher Hoher Schulen in Frankreich, Italien, England, Spanien und Portugal, als Karl IV. 1348 in seinem ererbten Königreich Böhmen die erste Universität in einem Territorium des Römisch-Deutschen Reiches nördlich der Alpen gründete. Seinem Beispiel folgten alsbald Herzog Rudolf IV. mit Wien (1365) sowie die Könige von Polen und Ungarn mit Krakau (1364) und Fünfkirchen (Pécs, 1367), doch ohne bleibenden Erfolg zu erzielen. Die Studenten aus Deutschland gingen seit der Mitte des 14. Jahrhunderts wohl zum Teil nach Prag; aber die Mehrzahl bevorzugte weiterhin die Schulen Frankreichs und Italiens, vor allem Paris, Orléans, Padua, Bologna, aber auch andere. Die lateinische Gelehrtensprache kannte keine Grenzen. Erst als das große Schisma seit 1378 Europa spaltete, war der Weg nach Paris, wo man den Papst in Avignon stützte, für die Deutschen, die durchweg den Papst in Rom anerkannten, abgeschnitten. Da keine kirchlichen Einkünfte in das Gebiet schismatischer Obödienz übertragen werden durften, wurden die Deutschen in Paris mittellos. Nicht nur Studenten, sondern auch Professoren kehrten nach Deutschland zurück, unter ihnen Marsilius von Inghen. Er war ein bekannter Lehrer der Logik, ein Niederländer aus der Gegend von Nijmwegen, der 1367 und 1371 Rektor der Universität Paris, 1369 und 1377/78 deren Gesandter an der Kurie gewesen war, ein Gelehrter von Rang, der auch verhandeln, verwalten und repräsentieren konnte.

Die nicht von Fürsten, sondern von Städten gestifteten Universitäten Köln (1388) und Erfurt (1391/92, nach erfolglosem Versuch 1379) sind ebenso wie Heidelberg in unmittelbarer Folge des Schismas entstanden; zugleich wurde Wien neu belebt (1384/85). In der Pfalz regierte Kurfürst Ruprecht I. (1353–1390), ein alter Freund Kaiser Karls IV. und ein um den Aufbau und die Verwaltung seines Territoriums ungewöhnlich verdienter Mann, der nun, 77 Jahre alt, mit der Universitätsgründung sein Lebenswerk krönte. Der Ehrgeiz des Wittelsbachers zielte darauf, in einem kleinen Territorium und einer kleinen Residenzstadt nichts Geringeres zu erreichen als die Luxemburger und die Habsburger in Prag und Wien. Im Bunde mit dem Gelehrten Marsilius schuf Kurfürst Ruprecht eine Universität nach Pariser Muster; sein Neffe Ruprecht II. (Kurfürst 1390–1398) und dessen Sohn Ruprecht III. (Kurfürst 1398–1400, König 1400–1410) hatten von Anfang an teil an dem Werk und führten es dann fort.

Streng genommen hat die Stiftung des Kurfürsten nur die Schule oder das Studium, lateinisch „schola", „studium", „studium generale", geschaffen, eine Institution, die getragen wird von der freien, privilegierten Körperschaft der Lehrenden und Lernenden, lateinisch „universitas magistrorum et scholarium", „universitas studii" (so auch das große Siegel) oder einfach „universitas". Aber schon zur Gründungszeit Heidelbergs unterschied man nicht mehr scharf zwischen Institution und Körperschaft. In deutschen Urkunden sagt der Kurfürst „frii und gemein schul", „frischul", „studium" oder „universitet". Die Universitas ist gefreit, privilegiert, d. h. aufgrund der päpstlichen und kurfürstlichen Privilegien gibt sie sich ihre eigenen Statuten, wählt sich ihre eigenen Organe, verleiht akademische Grade und übt die Gerichtsbarkeit über ihre Mitglieder, die – unabhängig davon, ob sie geistliche Weihen haben oder nicht – als Studenten und Lehrer rechtlich alle als Kleriker gelten, sich dementsprechend kleiden und sich von den Laien deutlich unterscheiden sollen, nicht zuletzt durch den Gebrauch der lateinischen Sprache – und dies nicht allein bei der Lehre, sondern auch im täglichen Leben.

Der Papst hatte das Studium in „allen erlaubten Fakultäten" gestattet, d. h. auch in der Theologie, mit deren Zulassung die Päpste oft zurückhaltend waren. Demgemäß gab es in Heidelberg wie an den meisten Universitäten 4 Fakultäten, die untere der Artisten und die 3 oberen der Theologen, Juristen und Mediziner. Die Fakultäten hatten vor allem den Gang der Studien festzulegen, die Prüfungen zu ordnen und abzunehmen und die entsprechenden Grade zu verleihen. Bei den Artisten mußten alle das Grundstudium der „freien Künste" („artes liberales") absolvieren; das war Voraussetzung für jedes höhere Studium. Die lateinische Grammatik, ihre Anwendung in Dialektik und Rhetorik, das Argumentieren nach den strengen Gesetzen der Logik mußten gelernt werden; die Fähigkeit, gewandt zu disputieren, war das Ziel. Bei weitem der größte Teil der Lehrer und Studenten gehörte zur Fakultät der Artisten, die bis 1393 nach Pariser Muster auch allein den Rektor stellte.

Durchschnittlich mehr als 2 Jahre brauchte man in der Anfangszeit der Universität bis zum Examen als Baccalaureus, mindestens weitere 2½ Jahre bis zum Magister, insgesamt also etwa 4½–5 Jahre für das Studium in dieser Fakultät. Aber selbst den ersten Grad, das Bakkalaureat, erwarben in der Frühzeit nur etwa 12%, in der Mitte des 15. Jahrhunderts rund 42% der Immatrikulierten, zum Magister brachten es damals kaum 12% – viele brachen vorher das Studium ab oder gingen an eine andere Universität; nicht wenige aber hatten sich auch nur immatrikulieren lassen, um an den Privilegien der Universität teilzuhaben, ohne wirklich zu studieren. Die Mehrzahl der Studienanfänger war jung, oft sehr jung; unter 14 Jahren sollte man nur ausnahmsweise immatrikuliert werden und nach alter Pariser Regel galt das

21. Lebensjahr als Voraussetzung für den Erwerb des Magistergrades. Aber es gab Ausnahmen; berühmt ist der Fall Philipp Melanchthons, der, 1509 in Heidelberg 12½jährig immatrikuliert, 14jährig zum Baccalaureus promoviert wurde und in Tübingen, noch nicht 17 Jahre alt, den Magistergrad erwarb, um alsbald eine Lehrtätigkeit in einer Burse aufzunehmen.

In den 3 oberen Fakultäten konnte man in der Regel erst dann studieren, wenn man den Grad des Magister artium erworben hatte. Nicht selten unterrichteten die Magistri in der Artistenfakultät und studierten zugleich in einer der oberen. Das gilt nicht nur für viele junge Leute, sondern selbst für Marsilius von Inghen, der als wohl nahezu 50jähriger Magister artium die Universität gegründet hatte und 1395/96 der erste war, der von der Theologischen Fakultät zum Doktor promoviert wurde. Das vollständige theologische Studium bis zum Erwerb der Lizenz, d. h. der Zulassung zur feierlichen Doktorpromotion, dauerte für einen Magister artium etwa 12 Jahre, während derer freilich schon eine ganze Reihe von Lehrpflichten zu erfüllen waren. Bei den Juristen konnte man in 6 Jahren den Doktor des Kanonischen Rechts erwerben. Das weltliche, d. h. Römische Recht fehlte zunächst ganz unter den besoldeten Lehrern. Die Medizinische Fakultät hatte im ersten Jahrhundert der Universität überhaupt nur eine einzige Professorenpfründe; die Statuten der Heidelberger Medizinischen Fakultät glichen fast wörtlich denen der Kölner Fakultät. Von medizinischen Graduierungen in Heidelberg ist aus der Frühzeit nichts bekannt. Vielmehr gingen die Mediziner, um einen allgemein anerkannten Grad zu erlangen, meist nach Italien, besonders nach Padua. Noch 1458 wird über Heidelberg als „medizinfreier Ort" gespottet. Da die Medizin rasch zur Wissenschaft von Laien wurde, erreichte der Kurfürst 1478 in Rom, daß auch ein Verheirateter die Einkünfte der mit der Medizinprofessur verbundenen Pfründe erhalten durfte. Gegen den Widerstand der Universität wurde dieses Prinzip dann auch wenig später durchgesetzt.

Als Korporation stellte sich die Universität in der Versammlung aller Doktoren und Magister dar; diese trat regelmäßig — meist Samstagnachmittag — zusammen, um alle wesentlichen Angelegenheiten, die die Universität als Ganzes betrafen, zu entscheiden — von der Vergabe von Pfründen bis zur Wahl des Rektors. Nach der Zahl waren hier natürlich die Artisten stets überlegen, oft waren sie stärker vertreten als alle höheren Fakultäten zusammen. Darum wurde nach Fakultäten abgestimmt. Ein Beschluß von 1393, der erstmals auch den höheren Fakultäten den Zugang zum Rektoramt öffnete, gab die Abstimmung nach Köpfen frei, verfügte aber zugleich, daß in Konfliktfällen die Artisten nur über 3 Stimmen verfügen sollten, die oberen Fakultäten also nicht überstimmt werden konnten. Nach der Reform von 1452 wurden überhaupt nur noch der Dekan und 4 Magister der Artisten zu dem „Rat" (consilium universitatis) zugelassen.

Alle Mitglieder der Universität waren Kleriker und unterstanden daher der Strafgerichtsbarkeit des — meist in Ladenburg residierenden — Bischofs von Worms; das stellte das Gründungsprivileg des Kurfürsten ausdrücklich fest. Aber schon 1394 beauftragte der Bischof den derzeitigen Rektor, der ohnehin die von der Strafgerichtsbarkeit nicht scharf zu trennende Disziplinargewalt übte, mit seiner Vertretung in diesem Amte, und dabei blieb es fortan. Selbst über Laien, die der Universität dienten, richtete der Rektor schon 1398, und als man im weiteren Verlauf des 15. Jahrhunderts zweifeln konnte, ob die in den Gründungsurkunden vorausgesetzte Zuordnung aller Magister und Scholaren zu den Klerikern zutreffend sei, war die Gerichtsbarkeit der Universität über alle ihre Glieder längst etabliert. 1679 wurde sogar die Dienstmagd eines Professors auf Grund eines Urteils des Universitätsgerichts, das vom Kurfürsten bestätigt wurde, hingerichtet. Vogt und Schultheiß der Stadt konnten nur eine begrenzte Polizeigewalt gegen Scholaren ausüben; Verhaftete hatten sie dem Bischof oder Rektor auszuliefern. Im Zivilrecht hingegen verzichtete die Universität auf weitergehende Ansprüche aus dem Gründungsprivileg und kam 1420/21 mit der Stadt überein, dem Grundsatz zu folgen, daß der Kläger sich an das Gericht, dem der Beklagte unterstand, zu wenden habe. Konflikte in Einzelfällen waren damit freilich nicht ausgeschlossen.

Wie üblich, hatte der Papst im Gründungsprivileg den Kanzler der Universität, dem das gesamte Promotionswesen unterstehen sollte, benannt. Es war der jeweilige Dompropst von Worms. Der erste Kanzler war daher Konrad von Gelnhausen, ein in Bologna und Paris ausgebildeter Theologe und Kanonist, der sich Berühmtheit erworben hatte, als er publizistisch dafür eintrat, das große Schisma durch ein allgemeines Konzil zu überwinden. Konrad von Gelnhausen, auch Ratgeber des Kurfürsten, ist neben Marsilius von Inghen zum „zweiten geistigen Vater der neuen Hochschule" (G. Ritter) geworden; er zählte zu ihren ersten Lehrern des Kirchenrechts und hinterließ ihr bei seinem Tode 1390 nicht nur eine große Bibliothek, sondern auch Mittel für die Gründung des Artistenkollegs.

Die Wormser Dompröpste übten das Kanzleramt selten selber aus, sondern ernannten zumeist Professoren zu ihren Vertretern in den einzelnen Fakultäten. Der Versuch, das Amt neu zu beleben, ging bezeichnenderweise von einem Mann aus, der kurfürstlicher Rat und Hofkanzler geworden war, Ludwig von Ast; einst war er der erste in Heidelberg promovierte Doktor beider Rechte (des Kirchen- und des Römischen Rechts) gewesen (1428). Je länger, desto deutlicher wurde es: Der eigentliche Partner der Universität war nicht der Kanzler, sondern der Kurfürst und seine Regierung – so wie auch in Paris in dieser Zeit der König und nicht der Kanzler zum Gegenspieler der Hochschule wurde.

Die materielle Existenz der Universität konnte nur durch den kurfürstlichen Stifter und dessen Nachfolger gesichert werden, ein Vorgang, der erst 1413 mit der Organisation des Heiliggeist-Stiftes einen vorläufigen Abschluß fand. Ruprecht I. zahlte zwar an Marsilius von Inghen das hohe Gehalt von 200 fl. jährlich, weitere Zuwendungen sind aber erst von seinem Nachfolger Ruprecht II. bekannt, den der Papst 1390 von der Jubiläumswallfahrt dispensierte und der der Universität die dadurch ersparten 3000 fl. stiftete. Diese kaufte mit dem Geld vom Kurfürsten Anteile an den Rheinzöllen in Bacharach und Kaiserswerth (bei Düsseldorf) und an den Zehnten in Schriesheim, um die regelmäßigen Einnahmen aus diesen Quellen für die Besoldung von Lehrern der 3 oberen Fakultäten zu verwenden. Zusammen mit 3 Kanonikaten des Marienstiftes in Neustadt an der Weinstraße und der Pfarrei von St. Peter in Heidelberg wurden diese Einkünfte bald dem Heiliggeist-Stift übertragen, das Ruprecht III., König geworden, in jahrelanger Arbeit schuf. Er begann mit dem Neubau der Kirche am Chor, unter Kurfürst Ludwig III. (1410–1436) wurde dann ein neues Langhaus aufgeführt, und im Jahre 1413 erhielt das Stift endlich seine rechtliche Gestalt. Es sollte aus 12 Kanonikern bestehen, davon 3 Magistern der Theologie, 3 Doktoren des Kanonischen Rechts und einem Doktor der Medizin, dazu dem Pfarrer von St. Peter und dem Prediger zu Heiliggeist (beide mindestens Baccalaurei der Theologie), schließlich 3 Magistern aus dem Artistencollegium. Alle 12 Pfründen – dazu seit 1418 eine Dekanspfründe und seit 1459 2 Pensionspfründen für ausgeschiedene Professoren der Theologischen und Juristischen Fakultät – waren von der Universität mit Hochschullehrern zu besetzen; die 7 den oberen Fakultäten zugewiesenen waren fest mit Lekturen verbunden. Es gab nun also bezahlte Lehrstühle.

Schon vorher, im Jahre 1398, hatte Papst Bonifatius IX. auf Ersuchen des Kurfürsten 12 Pfründen an verschiedenen Kirchen in Worms, Speyer, Wimpfen und Mosbach der Universität inkorporiert. Die Inhaber dieser Pfründen waren großenteils, aber nicht immer, mit den am Heiliggeist-Stift bezahlten Besitzern der Lehrstühle identisch; seit der Reform von 1452 wurden auch diese Pfründen zum Teil institutionell mit den Lekturen verbunden. Weitere Einkünfte erhielt die Universität durch die Inkorporation von Pfarreien in Altdorf (der späteren Universitätsstadt bei Nürnberg) und Lauda a. d. Tauber (seit 1400).

Die Finanzierung der Universität ist im einzelnen noch sehr viel komplizierter als hier dargestellt; vor allem in den ersten Jahrzehnten gab es manches Hin und Her. Um das System zu verstehen, muß man zwei Grundlagen mittelalterlichen Finanzwesens kennen. Zunächst verfügt der Kurfürst faktisch über wesentliche Kircheneinnahmen, die ihm zum Teil als Patron oder Pfandherrn zustehen, die er zum anderen Teil – wie die von Bonifatius IX. bewilligten Pfründen – durch politische Beziehungen zum Papst für den guten Zweck der Universität erwirbt, gegen den Widerstand der betroffenen Kirchen in Worms, Speyer und anderenorts, die sich der Macht beugen müssen; dem Papst liegt gerade im Schisma sehr viel an guten Beziehungen zum Pfälzer Kurfürsten. Ferner gibt es kaum eine zentrale Finanzverwaltung, vielmehr bestreitet man Ausgaben, insbesondere Besoldungen, indem man dem Berechtigten Ansprüche auf bestimmte Einkünfte zuweist. Es bleibt dann seine Sache, die Ansprüche durchzusetzen und Geld oder Naturaleinnahmen zu kassieren, ob es sich nun um Zollanteile oder um Kirchenpfründen handelt. Die Universität, ihre Mitglieder oder ihre Boten müssen sich selbst nach Altdorf und Lauda, nach Worms und Speyer, nach Kaiserswerth und Bacharach oder wohin immer wenden, wenn sie ihre Einkünfte beziehen wollen. Das ist nicht immer leicht, zumal in Kriegs- und Notzeiten; aber die genannten Quellen sind eine wesentliche Grundlage der Universitätsfinanzen geblieben, bis die Rheinlande 1794 verlorengingen und das alte Reich zusammenbrach.

Auch die räumlichen Grundlagen der Universität mußten die Kurfürsten schaffen. In den ersten Jahren dürften neben der Heiliggeistkirche die Klöster der Franziskaner (auf dem heutigen Karlsplatz) und der Augustinereremiten (auf dem heutigen Universitätsplatz), vielleicht auch Wohnhäuser, die vom Kurfürsten den ersten Professoren zur Verfügung gestellt wurden, Platz für den Unterricht geboten haben. Auch hier schuf Ruprecht II. gleich zu Beginn seiner Regierung einen Wandel, doch ohne sich in eigene Unkosten zu stürzen. Schon im ersten Regierungsjahr vertrieb er die Juden, die sein Vorgänger jahrzehntelang unter Schutz gestellt hatte, aus Heidelberg und der ganzen Pfalz. Am 26. Dezember 1390 weihte der Wormser Bischof die frühere Synagoge an der Ostseite der heutigen Dreikönigstraße (bis 1832: Judengasse) als Kapelle der Jungfrau Maria, und einige Monate später überwies der Kurfürst diese Kapelle sowie alle einstigen Häuser, Hofstätten und Gärten der Juden der Universität. Auf diese Weise entstand ein größerer Universitätsbesitz nördlich der Hauptstraße und westlich der Heiliggeistkirche, der erst nach der Zerstörung von 1693 aufgegeben wurde. Einzelne Judenhäuser lagen aber auch bei der Augustinergasse, und dort vermehrte die Universität seit 1400 ihren Besitz durch Ankäufe, um die Artistenschule einzurichten (etwa auf dem Platz des heutigen Gebäudekomplexes zwischen Augustinergasse und

Schulgasse). Den Professoren der oberen Fakultäten wurden Diensthäuser zur Verfügung gestellt, die anfangs wohl auch dem Unterricht dienten; später entstanden Juristen- und Medizinalauditorien bei der Marienkapelle, während die Theologen wohl zum Teil in Kirchen, besonders der Marienkapelle, lasen.

Es kann nicht leicht gewesen sein, den Raum für Studenten und Professoren zu schaffen, denn Heidelberg war eine kleine Stadt, zwischen Schloßberg und Neckar von der heutigen Grabengasse bis zur Plankengasse einen Raum von vielleicht 20 ha umfassend (zum Vergleich: Prager Altstadt ca. 120 ha, Köln im Spätmittelalter ca. 320 ha); dazu trat die Schloßbergsiedlung, und seit 1392 wurde eine Vorstadt bis zum „Alten Graben" (etwa bei der heutigen Sophienstraße) angelegt, im wesentlichen einstweilen eine Straßensiedlung entlang der Hauptstraße. Die Stadt hatte vielleicht 3000, allenfalls 4000 Einwohner, vor allem Handwerker, Gewerbetreibende, Weinbauern, viele von ihnen mit der Versorgung des Schlosses und der Hofhaltung beschäftigt, daneben aber auch zahlreiche, zum Teil adlige Amtsträger der Kurfürsten. Neben der Stadt bildete das Schloß mit seinen Bewohnern, aber auch mit allen Troß- und Pferdeknechten des Marstalls, mit Reitern und Soldaten einen eigenen Rechtskreis, und nun trat die Universität als dritter Verband hinzu.

Zwar verlief sich der erste große Ansturm von Studenten rasch, als 1388 die neugegründete Universität Köln begann, vor allem die vielen vom Niederrhein und aus den Niederlanden Stammenden abzuziehen, und in Heidelberg zugleich die Pest ausbrach. In den folgenden Jahrzehnten schwankten die jährlichen Immatrikulationen stark, zwischen kaum 30 (in Pestjahren) und über 200; bei einer durchschnittlichen Aufenthaltsdauer von 21−24 Monaten hat man eine mittlere Frequenz von etwa 220 für die Zeit bis Mitte des 16. Jahrhunderts berechnet, weit weniger als Leipzig (504), Erfurt (427) und Köln (388). Aber für Heidelberg war auch dies keine kleine Zahl.

Mittelalterliche Universitätsgründer wußten, daß Studenten nicht nur Rechte, sondern auch Brot und Betten brauchen, und entsprechend ältestem gemeineuropäischen Universitätsrecht hatte Ruprecht I. schon vor der Gründung das Privileg erteilt, Mieten für Studenten von einer gemischten Kommission der Universität und der Bürger schätzen zu lassen; darüber hinaus sollten Scholaren das Recht haben, leerstehende Häuser zu beziehen − nur mußten sie einen kreditwürdigen Bürgen für die Mietzahlung zum Schätzpreis stellen. Aus den Akten sind weder solche Besetzungen noch überhaupt die Tätigkeit der Mietkommission bekannt. Vielleicht ist diese wie auch andere Bestimmungen der Gründungsurkunden nie wirksam geworden.

Im Gegensatz zu manchen anderen Universitäten verbot man in Heidelberg den Studenten privates Wohnen nicht völlig; es war nur vorgeschrieben, daß sie verrufene Häuser meiden und entweder in Bursen oder ehrbaren Unterkünften wohnen sollten. Die Bursen waren kleinere oder größere Wohngemeinschaften, in denen man nicht nur gegen eine regelmäßige Gebühr („bursa") wohnen und essen konnte, sondern wo auch Übungen und Repetitorien abgehalten wurden. Sie standen unter der Leitung eines oder mehrerer Magister. Die Universität übte über die privaten Bursen, deren erste alsbald nach Gründung der Universität entstanden sein müssen, eine gewisse Aufsicht aus. Neben diesen privaten Bursen entstanden größere und gleichsam offizielle Stiftungen. Schon 1387/88 errichteten die Zisterzienser für studierende Ordensleute das St.-Jakobs-Haus am Friesenberg. Das Artistencollegium, seit 1390 aus einer privaten Stiftung mit kurfürstlicher Hilfe bei der Marienkapelle aufgebaut, nahm nur 6 Magister auf, dazu wohl studentische Famuli. Ein schon 1396 gestiftetes Haus für arme Scholaren, etwa an der Stelle der heutigen Alten Universität, wurde nach wiederholten Bemühungen erst 1452 unter dem Namen Collegium Dionysianum für 6 begabte arme Studenten und 6 junge Magistri artium mit strengen Statuten errichtet. Um die gleiche Zeit entstanden die „Realistenburse" und die „Neue Burse", älter war die „Schwabenburse" – alles größere und dauerhafte, der Universität inkorporierte Stiftungen.

Das Wohnen in abgesonderten Gemeinschaften verhinderte Reibungen zwischen Scholaren und anderen Bewohnern der Stadt in Heidelberg so wenig wie an anderen Orten. Eine Gruppe junger Männer, die am Ort fremd sind, sich aber besonderer Privilegien erfreuen, die sich anderen geistig überlegen fühlen, nicht nur lesen und schreiben können, was der einfache Bürger nicht kann, sondern gar lateinisch miteinander reden – eine solche Gruppe macht sich nicht leicht beliebt, selbst wenn mancher Bürger an ihnen verdient. Und die Reiter und Troßknechte des Schlosses bildeten eine weitere, ganz andersartige Gruppe großenteils ortsfremder, meist junger Männer, mit denen man leicht aneinandergeraten konnte. Universitätsstatuten und immer neue Erlasse der Rektoren zeigen uns mit langen Verbotslisten, wo Konflikte zu erwarten waren. Vor allem darf man des Nachts nicht durch die Gassen schwärmen, insbesondere nicht ohne offen getragenes Licht oder mit vermummtem Gesicht; denn wer solches tut, benimmt sich wie ein Verbrecher. Dies Verbot gilt auch, wie ein Rektor ausdrücklich erläutert, „für Studenten, die vor oder gar nach Mitternacht anderen Personen männlichen oder vielmehr weiblichen Geschlechtes mit Lauten und anderen Musikinstrumenten den Hof machen (hovisare)"; verboten ist weiter, Waffen zu tragen, Nachschlüssel (claves adulterinae vulgari sermone dietherich appellatae) zu besitzen, Nachtwächter anzugreifen, Vögel, insbesondere Tauben oder Nachtigallen, zu fangen, in Weinberge oder Obstgärten einzudringen und Früchte zu pflücken, die Stadtmauern zu übersteigen oder am Schloßgraben spazierenzugehen (Spionageverdacht!), Brücken oder Tore zu beschädigen, Fechtschulen zu besuchen, in Reiterkleidung aufzutreten, Waffenspiele zur Karnevalszeit zu veranstalten, Bürger auf dem Markt oder sonst in der Stadt mit Steinen zu bewerfen, die Kirchweih auf den umliegenden Dörfern und besonders den „Rolloß" in Handschuhsheim zu besuchen, Würfel zu spielen, besonders um Geld – doch dürfen die Magister um einen Krug Wein Schach spielen –, an Vorlesungstagen öffentliche Kneipen zu besuchen, im Freudenhaus Gelage zu veranstalten oder längere Zeit dort zu verweilen, bei den Gebeinen Christi, Mariae oder der Heiligen zu schwören bzw. zu fluchen und vieles andere. 1447 wurde ein Ausgehverbot für die Angehörigen der Universität erlassen: Nur noch in dringenden Notfällen sollten sie zwischen 10 Uhr abends und 4 Uhr morgens ihre Wohnungen verlassen dürfen, und auch dann nur mit Licht, ohne Lärm und für möglichst kurze Zeit. Schwere Verbrecher, öffentliche Zuhälter, Nachtschwärmer, Einbrecher, Mädchenräuber und dergleichen sollten, sobald ihr Vergehen feststand, von der Universität ausgeschlossen und damit weltlicher Gerichtsbarkeit überliefert sein. Im übrigen gab es ein sorgfältig abgestuftes System von Geldstrafen; einen Karzer richtete die Universität erst auf kurfürstlichen Befehl um die Mitte des 16. Jahrhunderts ein.

Gewiß wurden solche Verbote noch viel öfter übertreten als eingeschärft, und so kam es nicht selten zu Konflikten, die sich gelegentlich zu blutigen Schlägereien steigern konnten. Im Juni 1406 läutete man die Sturmglocke und rief durch die Gassen „Tod allen Plattenträgern und Langmänteln", d.h. allen Studenten und Professoren. Als man schon das Haus des Rektors stürmte, verhinderte der Bischof von Speyer und königliche Kanzler Rhaban durch persönliches Einschreiten das Ärgste. Der König suchte dann zu schlichten; aber erst, nachdem er umfängliche Garantien gegeben hatte, nahm die Universität die Vorlesungen wieder auf, die sie für fast 4 Wochen suspendiert hatte. Im Juli 1422 machten fürstliche Troßknechte Jagd auf Studenten, Bürger schlossen sich an, und man schrie, es sei heilsamer, Studenten und Pfaffen zu erschlagen als Hussiten – eben hatte der Papst zum Kreuzzug und der Kaiser zum Reichskrieg gegen die Anhänger des Jan Hus aufgerufen, der 1415 in Konstanz verbrannt worden war. Unsere Berichte geben ein einseitiges Bild, weil sie alle aus der Universität kommen; aber diesesmal hören wir immerhin den Anlaß: Ein Student hatte einem Troßknecht bei einer Rauferei in „der gemeinen frauwen haus" eine Hand abgeschlagen, und nun rächten sich die Genossen des Verletzten. Im Gegensatz zu anderen Universitätsstädten scheint es aber bei allen diesen „Studentenkriegen" in Heidelberg niemals Tote gegeben zu haben.

Gefährlicher waren die immer wiederkehrenden Seuchen, vor allem die Pest. Von 1388 bis 1490 verzeichnen die Universitätsannalen 7 Epidemien, bei denen meist die Abwanderung aus Heidelberg ohne Nachteil für das Studium ausdrücklich gestattet wurde. Noch häufiger waren die Epidemien im 16. Jahrhundert. Mehrmals wurde die Universität nun ganz suspendiert; zuweilen versuchte man, den Lehrbetrieb an einem anderen Ort wenigstens teilweise aufrechtzuerhalten, so zeitweilig in Landau (1528/29), Eberbach (1528/29, 1548/49, 1554/55), Oppenheim (1563), Eppingen (1564/65, 1566) oder Ladenburg (1596/97). Bei der ersten großen Pestwelle im Winter 1388/89 war selbst der amtierende Rektor nach Köln geflohen, und in Heidelberg befürchtete man den völligen Zusammenbruch der jungen Universität; 1407 blieben nur einige Kanonisten zurück. Über den Wormser Bischof und Heidelberger Professor Matthäus von Krakau aber heißt es: „Der wahre Hirte stand furchtlos als Priester zwischen Lebenden und Toten und weihte den vergrößerten Begräbnisplatz von St. Peter in Gegenwart des Rektors und einiger weniger von der Universität." 1556 aber gab es Schwierigkeiten zwischen den aus Heidelberg ausgewanderten Studenten und den Bürgern von Eberbach, und mit der Obrigkeit stritt man, ob die 9 Fuder Wein, die die Studenten dort getrunken hatten, unter die in Heidelberg geltende Zollfreiheit für Scholaren fielen.

Schon in der ersten Generation gewinnt die Universität oder zumindest ein Kreis ihrer Professoren eine politische Bedeutung wie kaum jemals später. Kurfürst Ruprecht III., bereits an der Universitätsgründung seines Großonkels beteiligt und seit 1398 allein regierend, wird zum Exponenten der westdeutschen Opposition gegen den in Prag residierenden römisch-deutschen König Wenzel, den Sohn Karls IV.; im August 1400 erklären die rheinischen Kurfürsten Wenzel für abgesetzt und wählen Ruprecht an seiner Stelle zum König – für ein Jahrzehnt wird Heidelberg Königsstadt. Seit den ersten Tagen der Universität hatte es in Heidelberg mehr Magister aus Prag als aus Paris gegeben, Theologen vor allem, aber auch Kanonisten; die Konflikte der Nationen in Prag, die 1409 zur Auswanderung der Deutschen und zur Gründung der Universität Leipzig führten, haben dabei wohl eine Rolle gespielt, vielleicht auch schon Spannungen mit König Wenzel. Mehrere der aus Prag gekommenen Magister treten bald auch als Räte in kurfürstlichen Dienst, einer, Konrad von Soltau, geht von Heidelberg weiter nach Mainz, wird Kanzler des Erzbischofs, später Bischof von Verden – und diese alle wirken als Räte ihrer Herren mit an dem Bund gegen Wenzel, an Ruprechts Königswahl, an seiner Regierung als König. Neben den Pragern gibt es eine in Bologna ausgebildete Gruppe von Juristen, die dem Kurfürsten und König dient, zur Universität aber meist nur in lockerer Beziehung steht. Am Hofe wird es nun üblich, akademische Grade zu führen; der Doctor Theologiae oder Doctor Decretorum gilt mehr als der bloße Canonicus oder selbst der Praepositus einer Domkirche. Nicht weniger als 10 Lehrer der Heidelberger Theologischen Fakultät lassen sich als Räte König Ruprechts nachweisen – die einen nur gelegentlich, die anderen aber werden der Universität lange oder gar völlig entzogen. Der später immer wiederkehrende, für die Universität der Residenzstadt typische Konflikt zwischen Hofdienst und Universitätslehre stellt sich schon jetzt in aller Schärfe. Ein Medizinprofessor und Leibarzt wird gar unter der – zumindest unbewiesenen – Beschuldigung, er habe versucht, den König zu vergiften, gerädert.

Der namhafteste Theologe in Ruprechts Dienst war der in Prag promovierte Matthäus von Krakau, seit 1394 in Heidelberg, 1396 Rektor, einer der wichtigsten Ratgeber König Ruprechts bei dessen – letztlich erfolglosem – Bemühen um Beilegung des großen Schismas, auch Verfasser überaus scharfer Streitschriften gegen die Korruption in der Römischen Kirche. Als erster deutscher Gelehrter bürgerlicher Herkunft erreichte er mit der Erhebung zum Bischof von Worms (1405–1410) fürstlichen Rang, blieb aber in Heidelberg wohnen. Der in Paris, Heidelberg und vor allem in Bologna gebildete Rechtsgelehrte Job Vener († 1447) ist der bedeutendste Jurist in Ruprechts Rat, ein Kampfgefährte des Matthäus. Ganz in Heidelberg gebildet war Konrad Koler von Soest, 1387 kostenlos als „Armer" immatrikuliert, zwischen 1397 und 1410 dreimal Rektor, zuletzt als Professor der Theologie, 1409 königlicher Gesandter beim Konzil von Pisa, später für Kurfürst und Universität bei den Konzilen in Konstanz (1415/16) und Pavia (1423) tätig, durch König Sigismunds Gunst schließlich seit 1428 Bischof von Regensburg.

Diese wenigen Namen mögen genügen als Kennzeichen jener Zeit der großen Konzilien, in der die Fürsten sich für ihre Politik mehr als je zuvor der Professoren bedienten. Manche Universitäten, allen voran Paris, haben damals versucht, über die Konzilien selbständig auf die Entscheidungen im Staat und noch mehr in der Kirche einzuwirken. Heidelberg hat wohl auch Gesandtschaften zu den großen Konzilien geschickt, zuletzt nach Basel 1432/33, aber für eine selbständige Politik, unabhängig vom Kurfürsten, fehlten der Universität das Geld ebenso wie die politischen Voraussetzungen; an der Wendung des Baseler Konzils gegen den Papst hatte Heidelberg keinen Anteil.

Nur als Einzelner hielt der namhafteste Heidelberger Theologe jener Zeit bis zuletzt am Konzil fest, der Schwabe Johannes Wenck, der als Pariser Magister 1426 nach Heidelberg gekommen war, zwischen 1435 und 1451 dreimal Rektor war und 1459 starb. Neben praktisch-theologischen Schriften hat Wenck auch eine heftige Polemik gegen die „Docta ignorantia" des berühmten Nikolaus von Kues verfaßt, der sich einst (1416) als 15jähriger in Heidelberg immatrikuliert hatte, aber bald nach Padua weitergezogen war.

Fast 70 Jahre nach der Gründung schien es dem Landesherrn notwendig, die äußere Organisation und den Lehrbetrieb der Universität zu verbessern. Ohne die Betroffenen vorher konsultiert zu haben, verordnete Kurfürst Friedrich I. 1452 eine Reform, die vermutlich maßgebend auf seinen Kanzler Johann von Güldenkopf aus Speyer, der selbst früher als Professor für Kirchenrecht in Heidelberg gewirkt hatte, zurückgeht. Mit dieser Reform wurde die Verfassung zuungunsten der Artisten geändert, Pfründen und Professorenhäuser wurden neu verteilt und den Lehrstühlen zugeordnet. Das Römische Recht erhielt erstmals eine Professur. Vor allem aber wollte die Reform das Lehrangebot der artistischen Fakultät verbessern. Seit ihrer Gründung war die Universität im sogenannten Wegestreit der nominalistisch-occamistischen Tradition des „neuen Weges" (via moderna) gefolgt − im Gegensatz zu Köln, wo die realistisch-thomistische Tradition des „alten Weges" (via antiqua) galt. Beim „Wegestreit" ging es um das philosophisch-theologische Grundproblem der Scholastik, ob die Allgemeinbegriffe (Universalien) vor den Dingen seien und als Begriff real existierten (daher: Realisten als Vertreter dieser Ansicht im Gefolge von Thomas von Aquin und Albertus Magnus) oder ob sie nur in den Dingen existierten, außerhalb dieser aber nur Bezeichnungen, Namen seien (daher: Nominalisten als Vertreter dieser Ansicht im Gefolge Wilhelms von Occam). Im Lehrbetrieb der Universitäten waren allerdings um die Mitte des 15. Jahrhunderts die großen Streitfragen von via antiqua und via moderna im wesentlichen auf Unterschiede in der Lehrmethode zusammengeschrumpft. Die Nominalisten versuchten, die schwierigen Texte des Aristoteles in der Vorlesung durch umfangreiche Kommentare und Erläuterungen aufzuhellen, während die Vertreter der via antiqua das damit verbundene schwerfällige Beweis- und Darstellungsverfahren vereinfachen wollten und sich stattdessen enger an den Text anschlossen. In Heidelberg wurde die Forderung nach Einführung der via antiqua von „Realisten" erstmals offenbar in den vierziger Jahren erhoben, von der Universität aber zurückgewiesen. Die kurfürstliche Reformation von 1452 gab nun beide Schulmeinungen frei, so daß jeder Magister artium, „der hie ist oder herkummet, lesen und leren, und ein ieglicher schuler horen und lernen moge, was er wil, das von der heiligen kirchen nit verbotten ist, es sii der nuwen oder der alten wege". Einwände der Artisten gegen diese Großzügigkeit wurden entschieden zurückgewiesen: Wer der Reform nicht zustimmte, sollte die Stadt für immer verlassen. In der Artistenfakultät gab es seither 2 Studiengänge; man konnte entweder in der einen oder in der anderen philosophischen Richtung die akademischen Grade erwerben. Die schon 1453 eingerichtete Realistenburse erfreute sich rasch großen Zulaufs, kurzfristig stieg auch die Zahl der Neuimmatrikulationen von durchschnittlich 126 in den vierziger Jahren auf 200 im Jahre 1459. Sie sank dann allerdings wegen der kriegerischen Ereignisse, in die die Pfalz in der Folgezeit verwickelt wurde, für den Rest des Jahrhunderts wieder auf durchschnittlich 115 ab, obwohl das akademische Studium in Deutschland damals aufblühte. Zusätzlich dürfte sich die Konkurrenz des 1457 gegründeten Freiburg nachteilig geltend gemacht haben.

In der Praxis führte das Nebeneinander beider Wege im Lehrbetrieb zu großen Unzuträglichkeiten. Die Einheit der Artistenfakultät blieb zwar erhalten, aber im wirtschaftlichen und persönlichen Konkurrenzkampf der Magister und der Bursenvorsteher kam es zu ständigen Auseinandersetzungen; auch unlautere Mittel, wie Prüfungserleichterungen, wurden nicht gescheut, um zahlende Studenten für den eigenen Weg zu gewinnen. Inhaltlich glich sich der Lehrbetrieb in beiden Wegen allmählich einander an, so daß die Studiengänge für Wechselstudenten durchlässig wurden; gewisse Vorlesungen waren von vornherein gemeinsam gehalten worden.

Wie im „Wegestreit" verhielt sich die Universität auch gegenüber der neuen geistigen Bewegung des Humanismus. Wenn Heidelberg zu einem Vorposten des deutschen Frühhumanismus wurde, war dies nicht ein Verdienst der Universität, sondern ging auf den kurfürstlichen Hof zurück. Zwar las schon um 1450 der in Italien promovierte Kanonist Johannes Wildenhertz über klassische Autoren, aber der erste wirkliche Vertreter des Humanismus wurde der Universität vom Landesherrn aufgenötigt: Petrus Luder aus Kißlau (bei Bruchsal), der 1431 in Heidelberg immatrikuliert worden war, dann ein Wanderleben in Italien und auf dem Balkan geführt und an italienischen Universitäten Studien verschiedener Art betrieben hatte, ohne jedoch einen akademischen Grad zu erreichen. 1456 berief ihn Kurfürst Friedrich I. als Lehrer der lateinischen Sprache. Vergebens protestierte die Artistenfakultät, daß ein Nichtgraduierter Lehrveranstaltungen halten durfte. Eine weitere Neuheit war, daß Luder seine Vorlesungen – zunächst über Valerius Maximus und über Satiren des Horaz, dann über Seneca, Cicero und Ovid – mit einer Programmrede zum Lob des Humanismus eröffnete; er polemisierte dabei gegen die „Verächter der

Poesie" und pries die Geschichte als Quelle moralischer Erbauung. 1460 flüchtete Luder vor der Pest und kehrte nicht mehr nach Heidelberg zurück. Nach seinem Fortgang wirkten andere Humanisten kurzzeitig an der Universität, auch Professoren anderer Fakultäten bedienten sich jetzt zunehmend des eleganteren humanistischen Lateins, selbst wenn ihre Lehrstoffe noch traditionell-scholastisch blieben.

Einen neuen Mittelpunkt gewann der Frühhumanismus in Heidelberg in dem kurfürstlichen Kanzler und Wormser Bischof Johann von Dalberg († 1503). Dalberg zog seinen Studiengefährten Rudolf Agricola in die Stadt, der hier von 1484 bis zu seinem Tod im folgenden Jahr gewirkt hat. Ohne amtliche Stellung an der Universität, las Agricola über Plinius d. J. und gewann starken Einfluß auf Studenten und Professoren. Er war ein nach dem Vorbild der italienischen Renaissancehumanisten gebildeter und geformter Mann, ein Vorläufer des Erasmus von Rotterdam. Indem er für den Abbau der scholastischen Tradition und für die Erforschung der Realien eintrat, forderte er, daß die Wissenschaft dem Leben zu dienen habe und nicht mit der Erörterung von Spitzfindigkeiten Selbstzweck werden dürfe.

Der Erzhumanist Konrad Celtis, 1484 in Heidelberg immatrikuliert, bezeichnete sich als Schüler des Agricola. Zwar hielt er sich in Heidelberg immer nur vorübergehend auf, organisierte aber von hier aus zur Verbreitung von humanistischem Gedankengut seit 1495 seine „Sodalitas litteraria Rhenana" mit Dalberg als Protektor. Vor allem das Sprachenstudium wurde propagiert. Dionysius Reuchlin, der Bruder des berühmten Hebraisten, erhielt 1498 die erste Professur für griechische Sprache und Literatur, wiederum gegen den Willen der Artisten. Zur neuen humanistischen Bewegung ist auch Jakob Wimpfeling aus Schlettstadt († 1528) zu rechnen, der 1469–1484 und 1498–1501 Professuren in der Artistischen und Theologischen Fakultät innehatte; 1481/82 war er Rektor. Wimpfeling war ein vielseitiger Schriftsteller, der glaubte, durch Verbesserung des Erziehungswesens, insbesondere des Lateinunterrichts, für eine Besserung des Menschen wirken zu können.

Blüte und Verfall (16.–18. Jahrhundert)

Die humanistischen Ansätze wirkten bis zur Jahrhundertwende vor allem auflösend und zersetzend; neue Ziele und Lehrinhalte vermittelten sie eher indirekt. Die scholastische Gelehrsamkeit verfiel demgegenüber im Schulgezänk der Professoren, Rangstreitigkeiten und Disziplinlosigkeit bestimmten das Bild der Universität. Der alte Lehrbetrieb blieb weithin unangetastet, Reformversuche berührten nur die Oberfläche. So wurden 1518 die Disputationsübungen reformiert, indem man verbot, unanständige und schlüpfrige oder nebensächliche Fragen zu behandeln. 1520 beschloß die Artistenfakultät, eine neue Aristoteles-Übersetzung anfertigen und drucken zu lassen. So lange jedoch keine Reform des Theologiestudiums erfolgte, das auf dem Lehrinhalt der Artistenfakultät aufruhte, waren alle Reformen in dieser Fakultät ein bloßes Kurieren an Symptomen. Die Theologie wurde aber erst durch die Reformationsbewegung entscheidend herausgefordert.

Im April 1518 disputierte Martin Luther auf dem Generalkonvent der Augustinereremiten zu Heidelberg. Das war nicht eine Sache der Universität, sondern des Ordens. Aber es verstand sich von selbst, daß die Professoren, insbesondere die Theologen, als Gäste teilnahmen, unter ihnen auch der Rektor Lorenz Wolf; denn Luther war nicht nur der populäre Autor der vor einem halben Jahr publizierten Thesen gegen den Ablaß, sondern auch Professor der jungen, aber rasch zu Ansehen gelangten Universität Wittenberg. Dort hatte einer der jüngeren Brüder Kurfürst Ludwigs V. (1508–1544), Pfalzgraf Wolfgang, studiert und das Rektorat bekleidet; er lud nun Luther an seine Tafel. Starken Eindruck hat das Auftreten des Wittenbergers, der hier nicht über den Ablaß, sondern über Sünde und Gnade, freien Willen und Glauben disputierte und die Metaphysik des Aristoteles in Frage stellte, auf einzelne Hörer gemacht, voran den jungen Dominikaner Martin Bucer aus Schlettstadt, den Schwaben Johannes Brenz und den Pfälzer Theobald Billicanus. Sie alle breiteten Luthers Reformation im deutschen Südwesten aus. Insgesamt aber hielt sich die Universität, wie einstweilen fast alle Universitäten, gegenüber der neuen Lehre zurück, und als der Kurfürst 1522 „Winkelpredigten" verbot, sahen sich Brenz und Billicanus genötigt, Heidelberg zu verlassen und nach Schwaben zu gehen.

Die Reformation führte zu einer der größten Krisen, die die deutschen Universitäten je erlebt haben. Als die kurfürstliche Regierung 1526 nach den Ursachen des Niedergangs der Universität fragte, der dazu führe, daß es mehr Professoren als Studenten gebe, da antwortete man, „das die neuwe luterisch lere und sunst emporung der versampten Bawerschaft grosse Ursach seyn, das (=was) nit allein Ew. Churfürstl. Gnaden Universitet, sondern alle andere teutscher Nation Universitet zu zerrüttung und nachteyl gedient". Tatsächlich war die Immatrikulationszahl von 173 im Jahre 1520 auf 37 im Jahre 1525 gesunken; aber der Rückgang hatte schon 1521 eingesetzt und war an allen deutschen Universitäten, Wittenberg nicht ausgenommen, zu beobachten, auch in Landschaften, die vom Bauernkrieg 1524/25 ganz unberührt blieben. Luthers grundsätzliche Kritik an den auf Aristoteles beruhenden Lehrmethoden, seine Verbrennung der Gesetz- und Lehrbücher des Kanonischen Rechts, die Berufung auf das reine Evangelium und den Glauben allein konnten nicht ohne Rückwirkung auf die Stätten gelehrten und scholastischen Unterrichts bleiben. Erst in den 1530er Jahren stiegen die Immatrikulationszahlen hier wie andernorts wieder an und erreichten in den 1540er und 1550er Jahren die alte Höhe, nun in Universitäten, die von Reformation und Gegenreformation neu geprägt wurden.

Die Studenten liefen, das wird uns in Heidelberger Fakultätsakten von 1521 ausdrücklich gesagt, davon, weil sie des scholastischen Aristoteles-Studiums überdrüssig waren. In Reaktion darauf bemühte man sich um Reformen, am Hof wie an der Universität, vor allem in der Artistenfakultät. Diese bat, etwas naiv, im Jahre 1521 den Kurfürsten, er möge sich an den Kaiser wenden, damit dieser den Erasmus, der eben Löwen verließ und bald nach Basel ging, nach Heidelberg schicke, um die Universität auf die alte Höhe zu führen. Der Straßburger Humanist Jakob Sturm, der alte Jakob Wimpfeling und der Jurist Jakob Spiegel reichten Vorschläge zu Reformen zugunsten eines humanistischen Lehrsystems ein. Aber es fehlten in Regierung und Universität die Männer, es fehlte die Energie, es fehlte schließlich das Geld, um die Sache zum Ziele zu führen. Die einzige sichtbare Neuerung der kurfürstlichen „Reform" von 1522 blieb der nun jährliche statt halbjährliche Wechsel im Rektorat – ein Verfahren, das bis 1970 in Kraft war.

Die Artisten schenkten dem berühmten Sohn der Fakultät, Melanchthon, damals 27 Jahre alt, auf seiner Durchreise 1524 einen Silberbecher; aber sie konnten keinen bedeutenden Mann auf Dauer halten. Der Humanist Hermann von dem Busche ging nach 3 Heidelberger Jahren 1527 nach Marburg, sein Nachfolger Simon Grynaeus folgte 1529 einem Ruf nach Basel; Jacobus Micyllus, Freund Melanchthons, namhafter Gräzist und gewandter Verfasser lateinischer Verse, wurde trotz des – von ihm geleugneten – Verdachts, der „lutherischen Sekte" nahezustehen, 1533 berufen, kehrte aber schon nach 4 Jahren auf seine alte Stelle als Gymnasialrektor in Frankfurt zurück – er war einer der ersten Gelehrten, der eine große Familie zu ernähren hatte, und dafür reichte das Heidelberger Gehalt von 60 Gulden nicht. Der große Hebraist, Mathematiker und Geograph Sebastian Münster, 1524 berufen und noch viel schlechter bezahlt, ging schon 1527 nach Basel.

Es ist nicht leicht zu entscheiden, woran es lag, daß man hervorragende Leute nicht gewann oder rasch verlor. Fehlte das Geld wirklich oder wollte man es nicht geben? Nach alter Verfassung hatten die „oberen" Fakultäten, besonders Theologen und Juristen, noch immer einen höheren Rang und verfügten über mehr Stimmen im Universitätsrat als die Artisten, die nach wie vor als Lehrer minderen Ranges betrachtet wurden und deren Besoldung meist geringer war, die infolgedessen um so mehr auf die nun schwindenden Hörergelder angewiesen waren.

Kurfürst Ludwig V. hatte die Reformation im Lande nicht gefördert, aber geduldet, besonders in seinen letzten Jahren. Sein Bruder und Nachfolger Friedrich II. (1544–1556), einst Freund Kaiser Karls V. und an allen Höfen Europas wohlbekannt, hat – zeitweise gehemmt durch den Schmalkaldischen Krieg und das Augsburger Interim – das Land der Reformation geöffnet und die finanzielle und organisatorische Reform der Universität eingeleitet, die sein Neffe Ottheinrich (1556–1559) in kurzer Regierung nach dem Augsburger Religionsfrieden vollenden konnte. Der längst zu Luther neigende Prediger von Heiliggeist, Heinrich Stolle (Stolo), wurde auf kurfürstlichen Befehl für 1547 von der – zunächst widerstrebenden – Universität zum Rektor gewählt. In demselben Jahr kehrte Micyllus aus Frankfurt zurück, um nun mit besserem Gehalt die griechische Professur neu zu übernehmen; er wurde zum Mittelpunkt der Artistenfakultät. Für Mathematik berief man Jakob Curio (1497–1572, in Heidelberg seit 1547, seit 1556 als Mediziner), für Ethik Nikolaus Cisner, der später zu den Juristen überging. Hebräisch lehrte seit 1551 bei geringem Gehalt der getaufte Jude Paul Staffelstein.

Nach dem Beispiel protestantischer Gymnasien wollte Friedrich II. ein Pädagogium als Vorbereitung für die Universität einrichten und ließ den Straßburger Paul Fagius Statuten und Lehrplan entwerfen; da die Universität aber Abbruch für die Artistenfakultät befürchtete und Einwände erhob, kam der Plan erst unter Friedrich III. 1560 zum Ziel.

Nach längerem Streit mit der Fakultät wurde die Schule, Keimzelle des späteren Kurfürst-Friedrich-Gymnasiums, ganz dem neuen Kirchenrat unterstellt. Daneben richtete Friedrich II. das bisherige Augustinerkloster als „Sapienz-Kolleg" für arme Studenten ein; es wurde 1557 von Ottheinrich eröffnet, aber schon 1561 von Friedrich III. in ein von der Universität ganz unabhängiges theologisches Seminar umgewandelt.

Die materielle Basis für diese Stiftungen wie für die Reform der Universität überhaupt schuf der Kurfürst, indem er die Güter zahlreicher verlassener Klöster in der Pfalz beiderseits des Rheins für Universität, Sapienz-Kolleg und Schloßkapelle verwendete. Dafür erhielt er 1550/51 sogar die Zustimmung von Papst Julius III. 1553 erlaubte der Papst auch, Laien als Universitätslehrer aus Kirchengütern zu besolden; ausgenommen wurden von Rom allerdings Dozenten der Theologischen Fakultät. Mit dieser Neufundierung der Universität waren die Voraussetzungen geschaffen für die Gewinnung qualifizierter Kräfte und für eine Verbesserung der Professorenbesoldung.

Im Dezember 1558 konnte Ottheinrich endlich auch die längst für notwendig erachteten, durch manche Vorschläge vorbereiteten neuen Statuten publizieren. Melanchthon, der 1546 nach Luthers Tod einen Ruf nach Heidelberg abgelehnt hatte, war im Oktober 1557 auf Einladung des Kurfürsten gekommen, um den Entwurf der Statuten zu prüfen, an dem vor allem Micyllus mitgearbeitet hatte. Erlassen wurden die neuen Universitätsstatuten einseitig vom Landesherrn, die Universität nahm sie mit Dank entgegen. Jetzt erst fanden die zum Teil längst bestehenden Lehrstühle der Artistenfakultät für Griechisch, Ethik, Mathematik, Physik sowie Poesie und Eloquenz ihre förmliche Konstituierung, wie auch alle anderen Professuren und deren Besoldung neu festgelegt wurden. Die alten Kirchenpfründen wurden nicht mehr vergeben, sondern im „neuen Fiscus" zusammengefaßt – einer Kasse, in die auch die Einkünfte der aufgelassenen Klöster der Pfalz flossen. Dem „Consilium Universitatis", nun häufig Senat genannt, gehörten fortan alle fest besoldeten Professoren (jetzt oft als Ordinarii bezeichnet) an: 3 Theologen, 4 Juristen, 3 Mediziner und 5 Artisten, dazu die Regenten der Bursen. Berufungen, einst Sache der Universität allein, seit Jahrzehnten tatsächlich weitgehend in der Hand des Kurfürsten, sollten künftig von diesem allein erfolgen, doch auf Vorschlag der Universität, die für jede freie Stelle 2 Kandidaten zu benennen hatte. Viele einzelne, bisher der Gewohnheit unterliegenden, zum Teil strittigen Ordnungen wurden nun abschließend geregelt. Trotz mancher Änderungen, die künftige Kurfürsten vornahmen, blieb das mit mehr als 250 Blättern außerordentlich umfängliche Statutenbuch in seinen Grundzügen bis an das Ende des 18. Jahrhunderts gültig.

Die Reformation mit ihren Folgen hatte die Macht des Landesherrn erheblich gesteigert, indem sie ihn tatsächlich zum Herrn auch über die Religion und die Kirche machte. Ottheinrich hatte sofort bei seinem Regierungsantritt die Pfalz definitiv dem Protestantismus zugeführt, mit lutherischem Bekenntnis, aber radikalem Vorgehen gegen die Bilder. Seine Statutenreform schloß infolgedessen jede Beziehung der Universität zur Römischen Kirche aus. Der Nachfolger Friedrich III. (1559–1576) aus der Linie Pfalz-Simmern führte den Calvinismus ein und machte die Pfalz zu einem weithin wirkenden Stützpunkt dieser Konfession. Sein Sohn Ludwig VI. (1576–1583) betrieb wiederum mit Eifer die Sache des Luthertums; doch der Administrator Johann Casimir (1583–1592) und Kurfürst Friedrich IV. (selbständig 1592–1610) kehrten zum Calvinismus zurück. Entsprechend waren jeweils die Rückwirkungen auf die Landesuniversität. Als unter Ludwig VI. die reformierten Theologieprofessoren von der Universität vertrieben wurden, gründete Johann Kasimir in seinem Erbteil Neustadt an der Weinstraße 1578 das Collegium Casimirianum, zunächst als reformiert-theologische Hochschule, der dann auch die anderen Fakultäten angegliedert wurden, nachdem die reformierten Professoren sämtlich hatten Heidelberg verlassen müssen. Mit dem heute noch stehenden sog. Casimirianum (mit der Weihe-Inschrift: Deo et Musis Sacrum) wurde eigens ein Kollegiengebäude errichtet. Nach Übernahme der Regentschaft im Oktober 1583 zogen die Professoren aus dem „Exil" nach Heidelberg zurück; das Collegium Casimirianum wurde 1585 in ein Gymnasium umgewandelt.

Länger als an anderen Universitäten war die Bekenntnisfrage in Heidelberg offen geblieben. Als Ottheinrich 1556 das Luthertum einführte, befanden sich Köln, Wien, Ingolstadt, Freiburg, Mainz, Trier, Löwen und das neue Dillingen fest in katholischer Hand, zum Teil schon von Jesuiten reformiert, während Wittenberg, Leipzig, Rostock, Greifswald, Tübingen, Basel, dazu die neuen Universitäten Marburg, Königsberg und Jena protestantisch waren und Erfurt zwischen katholischem Erzbischof und evangelischer Stadt lavierte.

Ottheinrichs Reform griff auch personell tief in das Leben der Universität ein; es ist dem Kurfürsten in seiner kurzen Regierungszeit gelungen, namhafte Gelehrte aus verschiedenen Ländern zu gewinnen und der Universität damit wesentliche neue geistige Impulse zu vermitteln. Der noch im Dezember 1556, vielleicht in bewußtem Widerspruch zum Kurfürsten, zum Rektor gewählte katholische Theologe Matthias Keuler mußte sein Amt schon im Januar 1557 aufgeben und Heidelberg verlassen. In die Theologische Fakultät, deren Lehrstühle durch den Weggang der katholischen Professoren vakant wurden, berief Ottheinrich auf Melanchthons Rat und mit Hilfe des alten Stolle einen militanten Lutheraner, Tilemann Heßhus aus Rostock (1527–1580, in Heidelberg 1557–1559), dazu den Franzosen Pierre Boquin (um 1515–1582, in Heidelberg 1557–1577), der zuletzt in Straßburg gelehrt hatte, sowie Paul Einhorn (Unicornicus) (in Heidelberg 1557–1561) aus Basel; später folgten der Trierer Caspar Olevianus (1536–1587, in Heidelberg 1560–1576, zuerst als Leiter der Sapienz und Pfarrer) und Zacharias Ursinus aus Breslau (1534–1583, in Heidelberg 1561–1577, Leiter der Sapienz, gestorben 1583 in Neustadt). An die Medizinische Fakultät holte Ottheinrich den Basler Thomas Erastus (1536–1583, in Heidelberg 1558–1580), der als gemäßigter Calvinist auch eine bedeutende, oft ausgleichende Rolle in den kirchlichen Streitigkeiten spielte, sowie Peter Lotichius (1528–1560, in Heidelberg seit 1558), dessen lateinische Dichtungen bekannter waren als seine Heilerfolge. An die Juristische Fakultät wurde Christoph Eheim (1528–1592, in Heidelberg seit 1558) berufen, der immer mehr in den Dienst des kurfürstlichen Hofes trat und 1574 Hofkanzler wurde, ferner Caspar Agricola (1504–1597, in Heidelberg seit 1558) und der unruhige und ehrgeizige Hugenotte François Baudouin (1520–1573, in Heidelberg 1556–1561). In der Artistenfakultät folgte auf Micyllus Wilhelm Xylander (1532–1576, in Heidelberg seit 1558) als Gräzist und Logiker; den neugeschaffenen Lehrstuhl für Physik erhielt Sigismund Melanchthon, Philipps Neffe (†1573, in Heidelberg seit 1560), der aber schon 1562 zur Medizinischen Fakultät überging. Diese Liste neuberufener Professoren ist keineswegs vollständig, doch zeigt sie schon, wie in ganz kurzer Zeit ein völlig neuer Kreis von Gelehrten aus vielen Ländern, vor allem aus der Schweiz und aus Frankreich, in Heidelberg zusammenkam. Heidelberg stellte im geistigen Leben Deutschlands plötzlich etwas dar – freilich wurde es auch zum Kampfplatz.

Die von Ottheinrich und Friedrich III. berufenen Gelehrten – neben den Theologen auch Laien wie der Mediziner Erastus und der Jurist Eheim – haben teil an Abfassung und Einführung des Heidelberger Katechismus, der über Deutschlands Grenzen hinaus zum Lehr- und Bekenntnisbuch der reformierten Kirchen wurde (1563), an der Errichtung des neuen Kirchenrats und Kirchenregiments, aber auch an einer Kette komplizierter, Universität und Land erschütternder Konflikte. Hervorragende, in verschiedener Weise gebildete und ihre Ideen nachdrücklich vertretende Kirchenmänner trafen zusammen und aufeinander, sollten an der Hochschule lehren und zugleich die Kirche des ganzen Landes erneuern und lenken. Die damals aufkommenden Parteinamen Lutheraner, Philippisten (nach Melanchthon) und Zwinglianer/Calvinisten (oder Sakramentierer) vereinfachen dabei die Vielfalt tatsächlich vertretener Ideen. Zugleich wirkte die Überzeugung wissenschaftlich tätiger Theologen, durch subtile Distinktionen und Definitionen die sakramentalen Geheimnisse ganz verfügbar machen zu müssen und auf diese Weise das Heil der Gläubigen bewirken zu können. Der streitsüchtige Lutheraner Heßhus mußte zuerst weichen (1560); der Kirchenrat begann in der Hand strenger Calvinisten ein Kirchenregiment Genfer Prägung aufzurichten, das schließlich den des Arianismus und der Gotteslästerung angeklagten Superintendenten von Ladenburg, Johannes Silvanus, zum Tode verurteilte und nach kurfürstlichem Befehl auf dem Heidelberger Marktplatz 1572 enthaupten ließ – ein Prozeß, der nun freilich die Calvinisten in Universität und Kirche ihrerseits spaltete und noch nach 200 Jahren Lessing als Muster intoleranten Theologeneifers galt. Trotz dieser Spannungen brachte aber dann die lutherische Reaktion Ludwigs VI. mit der Verdrängung vieler namhafter Professoren einen Rückschlag für die Universität.

In allen Fakultäten herrschten seit Ottheinrich endgültig die Methoden humanistischer Wissenschaft. Bei den Juristen war mit Baudouin Anschluß an die neuere französische Schule des Römischen Rechts gefunden worden, die dann durch Hugo Donellus (1527–1591, in Heidelberg 1573–1579) und später Dionysius Gothofredus (1549–1622, in Heidelberg 1600 und 1604–1620) Fortsetzung fand; der kommentierte Text des Corpus Iuris Civilis, den Gothofredus schon, bevor er nach Heidelberg kam, herausgegeben hatte, faßte die Ergebnisse eines Jahrhunderts humanistischer Jurisprudenz zusammen und wurde die Standardausgabe für zwei weitere Jahrhunderte. Neben dem Römischen Recht wurde aber auch an der protestantischen Universität noch ein Teil des päpstlichen Kirchenrechtes gelesen; das 2. Buch der Dekretalen Gregors IX. galt als unentbehrlich für das Prozeßrecht und behielt darum einen eigenen Lehrstuhl.

Fortschritt auch auf anderen Gebieten: Die schon unter Mitwirkung des Erastus verfaßten Medizinerstatuten sehen unter anderem vor, daß der Fakultät Leichen von hingerichteten Verbrechern, aber auch an Krankheiten Verstorbener zur Verfügung gestellt werden; da die Fakultät Mittel für den Kauf anatomischer Instrumente erhielt, auch ein Skelett anschaffte, dürfen wir annehmen, daß man tatsächlich Sektionen vorgenommen hat, wenngleich zu solchen Veranstaltungen erst 100 Jahre später öffentlich eingeladen wurde. Die an der Universität promovierten Ärzte bekommen ein Monopol; den „pfaffen, juden, weibern und landfährern" wird die Praxis verboten; nur Chirurgen dürfen ihre handwerklichen „praktickhen" vornehmen, „als im stein, kropf, bruchschneiden, starrenstechen und dergleichen". Man darf aber wohl daran zweifeln, daß solche Verordnungen sich immer durchgesetzt haben. Die Mediziner mußten seit 1580 bei der Promotion schwören, keine „metallischen Gifte" zu verwenden, d. h. die neuen Methoden des Paracelsus nicht zu übernehmen.

Die Artistenfakultät blieb auch nach Ottheinrichs Statut der „ordnung nach die letzst, aber ihres inhalts die grosseste und weitleufigste, auch nutz und übung halben die erste und nottwendigste under allen", mit anderen Worten, sie hatte noch immer den Charakter einer Fakultät der Elementarstudien, die denen der höheren Fakultäten meist vorausgingen, auch wenn es nun Gymnasien gab, die die Schüler besser auf die Universität vorbereiteten als die mittelalterlichen Lateinschulen. Der Magistergrad, den die Artistische Fakultät als Abschluß verlieh, galt nun nicht mehr als Voraussetzung für die Zulassung zu den höheren Fakultäten, aber er konnte das Studium an ihnen verkürzen. Dieser Situation entsprechend, blieben die Professoren der Artistenfakultät, die sich seit etwa 1580 „Philosophische Fakultät" zu nennen begann, viel schlechter besoldet als die Kollegen der höheren Fakultäten; doch durften sie mit mehr Hörergeldern rechnen, und zum Rektorat waren sie nun so regelmäßig zugelassen wie Theologen, Juristen und Mediziner. Noch immer wurde die aristotelische Logik als unentbehrlich betrachtet; der Versuch Friedrichs III., der Fakultät den Antiaristoteliker Petrus Ramus aufzuzwingen, scheiterte 1569. Mathematik und Physik hatten jetzt ihren festen Platz bei den Artisten; Ansätze zu anderen Naturwissenschaften, insbesondere für Botanik und Chemie, kamen aber von medizinischer Seite.

Die wichtigste Aufgabe der humanistisch reformierten Artistenfakultät blieb die philologische Grundlegung aller höheren Studien, die neben dem Lateinischen auch das Griechische, für die Theologen zusätzlich das Hebräische umfaßte und die Lektüre klassischer Autoren in den Mittelpunkt stellte. Ottheinrich hatte der Professur für Poesie auch die Historie zugeteilt, mit dem Auftrag, Livius und Caesar zu lesen, Ludwig VI. darüber hinaus Sallust, Sueton und Tacitus als Lehrstoffe empfohlen. Aber eine eigentlich historische Professur fehlte. Wohl haben der Jurist Baudouin und der Theologe Johann Jakob Grynaeus (1540–1617, in Heidelberg 1584–1586) historische Vorlesungen gehalten; aber bald nach dem Weggang von Grynaeus wandten sich Studenten aus verschiedenen Ländern, offenbar vor allem Juristen und Theologen, an den Senat und an den Regenten Johann Casimir mit der Bitte, eine eigene Lektur für Geschichte einzurichten. Das Ziel wurde endlich erreicht, als 1593 Kurfürst Friedrich IV. gegen den Widerstand der Universität den Niederländer Janus Gruterus (1560–1627) zum Professor historiarum berief, der 1602 auch die Verwaltung der kurfürstlichen Bibliothek übernahm; allerdings blieb Gruterus ein Altertumswissenschaftler, der dem Wunsch nach Lehre der Weltgeschichte kaum gerecht werden konnte.

So trat die Universität Heidelberg unter insgesamt hoffnungsvollen Zeichen in das neue Jahrhundert. Die tiefgreifende äußere und innere Erneuerung unter Ottheinrich und seinen Nachfolgern führte sie auf die Höhe der europäischen Bildung und des damaligen Wissensstandes. Aber die Blüte war nur kurz – der Dreißigjährige Krieg brachte einen jähen Abfall. Heidelberg gehörte zu den ersten Opfern dieses Krieges, den das ehrgeizige Vorhaben des Kurfürsten Friedrich V., König von Böhmen zu werden, ausgelöst hatte. Nach mehrwöchiger Belagerung stürmten die Truppen Tillys am 16. September 1622 die Stadt und plünderten sie. Mit der rechtsrheinischen Pfalz kam Heidelberg unter bayerische Verwaltung; Maximilian I. von Bayern wurde Kurfürst. Schon vor der Eroberung hatte ein Wettlauf um den Besitz der weithin berühmten Heidelberger Bibliothek eingesetzt. Neben dem Kaiser war besonders Papst Gregor XV., angetrieben durch die Sammelleidenschaft seiner Nepoten aus der Familie Ludovisi, interessiert. Bereits 1621 hatte er den Mainzer Erzbischof und die spanische Regierung in Brüssel gebeten, ihm zu der Heidelberger Bibliothek zu verhelfen. Maximilian I. versprach schließlich nach Intervention der Spanier und des Nuntius widerstrebend, dem Papst die Sammlung zu schenken. Sechs Wochen nach dem Sturm erschien der päpstliche Kommissar Leo Allacci, um die Bücher nach Rom zu bringen. 1956 lateinische, 431 griechische, 298 orientalische und 851 deutsche Handschriften, dazu gegen 5000 gedruckte Bücher wurden in 50 Frachtwagen fortgefahren, in München auf Maultiere umgeladen und so über die Alpen geführt.

Die abtransportierten Schätze stammten eigentlich aus mehreren Bibliotheken, die zusammen Heidelberg schon im 15. und 16. Jahrhundert berühmt gemacht hatten. Bereits vor dem Jahre 1400 besaß die Universität 600 Handschriften, überwiegend aus den Vermächtnissen des ersten Kanzlers und des ersten Rektors, Konrad von Gelnhausen und Marsilius von Inghen. Weitere Professorenbibliotheken waren gefolgt. Als sicherer Aufbewahrungsort dienten die Emporen der Heiliggeistkirche. Neben der Hauptbibliothek der Universität entstanden Bibliotheken der einzelnen Fakultäten, vor allem der Artisten; aber auch verschiedene Kurfürsten waren Büchersammler und einen Teil ihrer Sammlungen übergaben sie der Universität, so 1437/38 Ludwig III. Die Kurfürsten Philipp I. und vor allem Ottheinrich legten neue Bibliotheken an, und wieder ging ein Teil davon an Universität und Heiliggeistkirche. Den größten Zuwachs brachte die Stiftung Ulrich Fuggers, des protestantisch gewordenen Sprosses der reichsten Familie Deutschlands, dessen Bücher und Handschriften 1567 nach Heidelberg gebracht und nach seinem Tode 1584 mit der kurfürstlichen Bibliothek vereint wurden. Systematische Suche nach kostbaren Handschriften vermehrte die Schätze.

Alles, was in den verschiedenen Bibliotheken Heidelbergs wertvoll erschien, wurde nun 1622 gemeinsam nach Rom geführt und dort als „Bibliotheca Palatina" den vatikanischen Sammlungen einverleibt. Auch nach den Begriffen des 17. Jahrhunderts war das ein durch kein Kriegsrecht gedecktes Unrecht; wer aber kann sagen, ob die Bestände nicht eben dadurch der Vernichtung 1689 oder 1693 entgangen sind? Um das weitere Schicksal der „Bibliotheca Palatina" gleich anzufügen: 40 der wertvollsten Handschriften hat 1794 Napoleon mit anderer Beute aus Rom nach Paris gebracht, und 38 von diesen kamen 1815 nach Heidelberg zurück; dazu lieferte der Papst nach Verhandlungen 1816 alle deutschen sowie 4 lateinische Handschriften an den badischen Staat aus. Die übrigen „Codices Palatini Latini" bilden bis heute einen wichtigen Fonds der Vatikanischen Bibliothek.

Obwohl Tilly nach der Eroberung der Stadt 1622 versprochen hatte, „Rechte, Freiheiten, Renten und Einkommen der Universität" zu erhalten, kam der Lehrbetrieb der protestantischen Hochschule rasch zum Erliegen. 1623 wurden nur zwei Studenten immatrikuliert, im folgenden Jahr ebenso, 1625 ein Student. Im Frühjahr 1626 wurde die Universität auch formell geschlossen, als der Rektor Reinhard Bachoven und die restlichen anwesenden Professoren vor den Kanzler gerufen wurden, der ihnen eröffnete, sie seien auf Befehl des bayerischen Kurfürsten Maximilian entlassen, „tum propter religionem tum propter alias causas" (wegen der Religion wie aus anderen Gründen). Für die Einkünfte wurde ein neuer Beamter bestellt, der nicht mehr der Universität, sondern dem Fürsten eidlich verpflichtet war; dementsprechend wurden die Universitätseinkünfte für andere Zwecke verwendet. Mit Hilfe einiger Jesuiten erneuerte Maximilian I. die Universität 3 Jahre später, der unterdessen katholisch gewordene Jurist Bachoven wurde wieder zum Rektor gewählt. Auch alle anderen Professoren waren katholisch; die Besetzung der Theologischen und Artistischen Fakultät wurde den Jesuiten überlassen. Heidelberg als katholische Universität bestand nur bis zum Jahre 1632. 1633—1635 gewannen die Schweden Heidelberg für die protestantische Seite zurück; es gibt dürftige Spuren für eine Restexistenz der katholischen Universität nach Rückkehr der kaiserlichen Truppen 1635, aber ein geregelter Unterricht ist nicht erkennbar.

Alsbald nach dem Westfälischen Frieden bemühte sich Kurfürst Karl Ludwig (1632/48—1680) um die Erneuerung der Universität in der wiedergewonnenen Pfalz. Aber erst am 1. November 1652 konnte die feierliche Eröffnung stattfinden. Die Schwierigkeiten waren jedoch damit noch lange nicht behoben. Durch sehr verschiedenartige Maßnahmen versuchten Landesherr und Universität immer wieder, die Universität für auswärtige Studenten attraktiv zu machen. Es wurden Vorlesungsverzeichnisse gedruckt und auf der Frankfurter Messe angeboten, den Studenten wurde das Recht zur Jagd beiderseits des Nekkars eingeräumt – doch mußte es bald wieder beschränkt werden; endlich wurde die Verpflichtung für Studenten, nur lateinisch zu sprechen, aufgehoben und ihnen zugleich erlaubt, an beliebigen Orten zu wohnen. 1677 hört man auch erstmals von der schon bei der Universitätsgründung vorgesehenen Taxe für Wohnung und Kost der Studenten durch eine gemischte Kommission von Universität und Bürgern. Der Gedanke, die Universität nach Worms zu verlegen, wurde 1659 erwogen und verworfen, da die Bischofsstadt am Rhein gar keinen Wert darauf legte, Universitätsstadt zu werden. Der schlechten Zeiten wegen beschloß der Senat 1661 sogar, die Prüfungsordnungen bei Theologen und Juristen nicht mehr strikt anzuwenden. Die Immatrikulationszahlen zwischen 1652 und 1662 sind in der Tat nicht sehr hoch, zwischen 46 und 148 im Jahr, immerhin meist höher als die von Freiburg, aber nur selten an die von Tübingen heranreichend und immer weit niedriger als in Köln, Leipzig oder Wittenberg. Für die Zeit danach fehlen Zahlen; der 1663 einsetzende Band der Matrikel ist offenbar 1689 oder 1693 verlorengegangen.

Im Jahre 1667 erschien in den Haag erstmals das Buch, das nächst dem Heidelberger Katechismus wohl die größte Verbreitung aller bis dahin in Heidelberg geschriebenen Werke erlangte: „Über die Verfassung des Deutschen Reiches" (Da statu imperii Germanici). Der Verfasser gab sich als Italiener (Severinus de Monzambano) aus; es war Samuel von Pufendorf (1632–1694, in Heidelberg 1661–1670), ein Sachse, der philologische und juristische Studien betrieben hatte und von Karl Ludwig nach Heidelberg berufen war. Das Angebot eines Lehrstuhls für Römisches Recht schlug Pufendorf aus, sein Wunsch nach einer Professur für Politik in der Juristischen Fakultät scheiterte am Widerstand der Universität. Er erhielt dann in der Artistenfakultät zunächst eine außerordentliche „professura iuris gentium et philologiae", die bald in den ersten Lehrstuhl für Natur- und Völkerrecht an einer deutschen Universität überhaupt umgewandelt wurde. Mit den Mitteln der Philosophie und des Rechts, gegründet auf die Geschichte, analysierte Pufendorf in „De statu imperii" die Reichsverfassung, vor allem unter Anwendung des von Bodin gefundenen Souveränitätsbegriffs, um Reformen vorzuschlagen. Streitigkeiten mit den Juristen, vor allem das Scheitern seiner Bewerbung um die Professur für Verfassungsrecht verleideten Pufendorf den Aufenthalt in Heidelberg. Als sein – auch in späteren Auflagen pseudonymes – Werk erschien, war er schon im Begriff, einem durch schwedische Schüler in Heidelberg vermittelten Ruf an die neue Universität in Lund zu folgen. Allerdings blieb er noch bis 1670 in Heidelberg. Sein Nachfolger wurde der Bremer Heinrich Cocceji (1644–1714, in Heidelberg 1671–1688), in Leiden und Oxford als Jurist gebildet, der aber 1677 zur Juristischen Fakultät übertrat, um Lehnrecht und Pandekten zu lehren; als die Franzosen Heidelberg besetzten, ging er nach Frankfurt a. d. Oder.

Neben diesen Juristen verdient eigentlich nur der Versuch Erwähnung, einen Philosophen zu gewinnen: Der Kurfürst ließ 1673 Spinoza einen Lehrstuhl mit der Versicherung anbieten, er werde „amplissima libertas philosophandi" (volle Freiheit zu philosophieren) genießen, die er ja gewiß nicht zur Verwirrung der festgesetzten Religion mißbrauchen werde. Spinoza lehnte ab, da er nicht die Absicht hatte, öffentlich zu lehren, überdies nicht wußte, wo die Freiheit der Philosophie anfing, die festgesetzte Religion zu gefährden. Die Berufung Spinozas entsprach im übrigen durchaus den neuen Statuten Karl Ludwigs für die Universität von 1672. Nur für die Professoren der Theologischen Fakultät war seither die Zugehörigkeit zur reformierten Konfession verpflichtend, im übrigen aber wurde – mindestens auf dem Papier – Glaubensfreiheit proklamiert.

Kaum 40 Jahre nach Wiedereröffnung der Universität traf Heidelberg die zweite Katastrophe. Karl Ludwigs Sohn Karl (1680–1685) war erbenlos gestorben; der französische König Ludwig XIV. forderte für seine Schwägerin Elisabeth Charlotte von Orléans, Karl Ludwigs Tochter, einen Teil des pfälzischen Erbes. Französische Truppen besetzten die Pfalz und rückten in Heidelberg ein (Oktober 1688); als die militärische und politische Lage sie zum Rückzug zwang, wurde die Pfalz planmäßig niedergebrannt. Heidelberg kam damals noch verhältnismäßig glimpflich davon, nur ein Teil des Schlosses und die Brücke wurden gesprengt, in der Stadt gelang es, nach Zerstörung von etwa 40 Häusern den Brand zu löschen (2. März 1689). Erst nachdem französische Truppen am 22. Mai 1693 Heidelberg wiederum gestürmt hatten, wurde nahezu die gesamte Stadt durch Brand vernichtet, und in den folgenden Monaten zerstörten die Franzosen das Schloß mit Sorgfalt. Für einige Jahre hatte Heidelberg buchstäblich aufgehört zu existieren.

Auch die Universität wurde vom Schicksal der Stadt betroffen. Zwischen 1688 und 1693 wurde der Lehrbetrieb mit nur wenigen Professoren – die Medizinische und die Juristische Fakultät waren professorenlos – in eingeschränktem Umfang aufrechterhalten; die Zahl der Studenten ist wegen des Fehlens der Matrikel unbekannt. Die Zerstörung von 1693 führte zur Flucht der noch verbliebenen Professoren; sie fanden sich zuerst in Frankfurt, seit 1698 in Weinheim, der Interimsresidenz des Kurfürsten und der Pfälzer Regierung, zusammen; noch galt die Universität als existent, aber erst 3 Jahre nach dem Frieden von Ryswijk (1697) konnte man zu Beginn des Jahres 1700 nach Heidelberg zurückkehren und Vorkehrungen für den Wiederaufbau der Universität und den Wiederbeginn der Studien treffen.

Bei ihrem Neuanfang stand die Universität nahezu vor dem Nichts. Das gilt zunächst schon äußerlich für ihre räumliche Situation. Seit dem 15. Jahrhundert hatte sich das Zentrum der Universität vom ursprünglichen Areal der Judenhäuser nördlich der Hauptstraße zunehmend auf deren südliche Seite verlagert, insbesondere auf das Gebiet zwischen Augustiner- und Heugasse (in ihrem alten Verlauf, also einschließlich des Gebäudes der Jesuitenkirche). Hier standen vor allem die Gebäude der „Bursch" (= Burse), verschiedene Kollegien- und Bursenhäuser, die um 1580 baulich erneuert und zusammengefaßt worden waren. Seit dem Dreißigjährigen Krieg wurde der Gebäudekomplex allerdings vorwiegend als Wohnraum genutzt. Auf dem Universitätsplatz an der Innenseite der Stadtmauer bis zum Hexenturm lag das alte Augustinerkloster, seit 1556 Collegium Sapientiae (Sapienzkolleg). Am „Graben" schließlich stand an der Stelle der heutigen Alten Universität das Doppelhaus des Casimirianum, ein repräsentativer Renaissancebau für Wohn- und Lehrzwecke, der 1588–1591 vom Regenten Johann Kasimir erbaut worden war, nachdem das Dionysianum, die alte Armenburse, wegen Baufälligkeit abgebrochen worden war. Das Spital, 1561 in der Bussemergasse eingerichtet, war kurz vor Ende des 16. Jahrhunderts als „Nosocomium" Ecke Sandgasse-Plöck errichtet worden.

Hatte der Brand von 1689 offenbar kein Universitätsgebäude ernsthaft betroffen, gingen bei der Zerstörung 1693 alle Bauten mit der Stadt unter. Auch die Einrichtungen gingen verloren, darunter die auf 24 000 Gulden Wert geschätzte Universitätsbibliothek; dagegen konnte das Archiv rechtzeitig in Sicherheit gebracht werden. Der Wiederaufbau am gewohnten Ort wurde dadurch erschwert, daß der größte Teil des alten Zentrums an die Jesuiten abgetreten werden mußte, die auf diesem Gelände eine Kirche und ein Kollegium errichteten. Für den Bau eines neuen Hauptgebäudes blieb damit nur der Platz des zerstörten Casimirianum übrig. Nach jahrelanger Verzögerung wurde 1712 der Grundstein für das nach dem regierenden Kurfürsten Domus Wilhelmiana genannte Kollegienhaus gelegt, die heutige Alte Universität. Die Pläne stammten von Johann Adam Breuning, der damals in Heidelberg viel gebaut hat. Die Domus Wilhelmiana wurde nach vielen Schwierigkeiten 1728 beendet, ganz fertig war sie erst Mitte der dreißiger Jahre (der Dachreiter stammt aus dem Anfang des 19. Jahrhunderts). Zur Finanzierung des Baus hatte die Universität Grundstücke verkaufen müssen, den Platz des nicht wieder errichteten Augustinerklosters erwarb der Kurfürst als Paradeplatz. Das „Nosocomium" wurde am alten Ort wieder erbaut.

Der schleppende Neubeginn im 18. Jahrhundert war nicht zuletzt durch die trostlose Finanzlage der Universität verursacht. Seit 1688 gingen die Einkünfte laufend zurück und stockten schließlich nahezu ganz. In einer Aufstellung von 1698 wird der Gesamtverlust der Universität in den letzten 10 Jahren auf über 177 000 Gulden berechnet; davon entfielen über 66 000 Gulden auf die zerstörten Häuser. Für den Neuanfang brachte die Universität die Summe von 25 500 Gulden in Anschlag, um die notwendigsten Bauten wiederzuerrichten; als jährliche Mindestausstattung wurden 6500 Gulden gefordert. Um die der Universität zustehenden Einkünfte aus Rheinzöllen, säkularisierten Klöstern und auswärtigen Präbenden mußte ein langer Kampf geführt werden – erst in den vierziger Jahren des 18. Jahrhunderts war eine Konsolidierung der Finanzen erreicht. Um 1770 gingen dann jährlich etwa 25 000 Gulden ein. Nur, die Universität war unfähig zu wirtschaften; die Selbstverwaltung – alle derartigen Angelegenheiten fielen in die Kompetenz des Senats – erwies sich für Finanzfragen jedenfalls als untauglich. Zur selben Zeit, als die Jahreseinnahmen 25 000 Gulden erreichten, ergab sich ein durchschnittliches Jahresdefizit von über 2000 Gulden. Um diesen Mißständen abzuhelfen, verlangte die Regierung 1760 von der Universität die Einsetzung einer Ökonomiekommission, die dann seit 1762 gegen den Widerstand der Universität die finanziellen Dinge in die Hand nahm. Eine dauerhafte Besserung wurde jedoch nicht erreicht.

Für die deutsche Universität ist das 18. Jahrhundert im allgemeinen nicht gerade eine Blütezeit gewesen, außer für die neu gegründeten, modernen Wissenschaften und aufgeklärtem Geist zugewandten Hochschulen wie Halle (1694) und Göttingen (1737). Für Heidelberg steht das 18. Jahrhundert unter dem Zeichen einer verspäteten, aber nichtsdestoweniger drastischen Gegenreformation, mit der die Universität, einst neben Genf und Leiden die dritte große und wichtige reformierte Hochschule Europas, katholisch umgeprägt wurde. Seit 1685 regierte die katholische Dynastie Pfalz-Neuburg über die Kurpfalz; Johann Wilhelm (1690–1716), dessen Hauptresidenz Düsseldorf blieb, begann mit einer strikt katholisch orientierten Kultur- und Universitätspolitik, wobei er die Jesuiten bevorzugte; sein Nachfolger Karl III. Philipp (1716–1742) setzte die Katholisierung von Land und Universität verstärkt fort. Dieser letzte Neuburger Kurfürst hat eine besondere Bedeutung auch für die Stadt Heidelberg bekommen. Weil er der Bürgerschaft gegenüber seinen Konfessionswillen nicht durchsetzen konnte – unter anderem verlangte er das Langhaus der Heiliggeistkirche für die Katholiken, nachdem schon 1705 der Chor durch eine Wand vom Schiff getrennt und den Katholiken zugewiesen worden war –, verlegte er 1720 seine Residenz nach Mannheim. Im sog. Hallischen Rezeß zwischen dem letzten calvinistischen Kurfürsten Karl II. (1680–1685) und seinem katholischen Erben war 1685 der reformierte Charakter der Theologischen Fakultät garantiert worden; für die übrigen Fakultäten wurde eine alternierende Besetzung der Lehrstühle durch Katholiken und Evangelische festgelegt. Die Universität selbst war bei dieser Regelung nicht einmal angehört worden. Der Hallische Rezeß wurde durch die Religionsdeklaration von 1705 umgestoßen, mit der dann nur noch 2 reformierte Professuren für die Theologische Fakultät garantiert wurden – das waren die einzigen gesicherten Stellen für Evangelische im 18. Jahrhundert an der Universität Heidelberg.

Beim Neuanfang 1700 waren 4 Professoren vorhanden; der bedeutendste unter ihnen war Friedrich Gerhard von Leunenschloß, als Nachfolger seines Vaters Johann (1652–1700 in Heidelberg) Mathematiker in der Philosophischen Fakultät und bis zu seinem Tode 1735 eine der Stützen der reformierten Partei. Die Besetzung der übrigen Lehrstühle wurde von der Regierung zunächst verzögert, um Konfessionspolitik zu betreiben. 1706 wurde eine katholische Theologische Fakultät mit 5 Lehrstühlen begründet, die an Jesuiten vergeben wurden. Ihnen wurden die Einkünfte der nicht wiederbesetzten Professuren der alten Theologischen Fakultät zugewiesen; die 2 reformierten Professuren erhielten zumeist Heidelberger Pfarrer und Kirchenräte, um ihre Besoldung gleichfalls für katholische Theologen verwenden zu können. Nominell existierte weiterhin nur eine Theologische Fakultät (facultas theologica ex parte reformatorum bzw. ex parte catholicorum), die aber 2 Dekane hatte; bei Rektorwahlen kamen katholische und evangelische Theologen umschichtig zum Zuge – 1708/9 war erstmals ein Jesuit, der Kanonist Rossmann, Rektor. Auch die Lehrstühle in der Philosophischen und Juristischen Fakultät wurden fast ausnahmslos nach konfessionellen Gesichtspunkten vergeben; die alternierende Besetzung funktionierte jeweils nur einmal, nämlich wenn es darum ging, einem Evangelischen einen Jesuiten nachfolgen zu lassen. Seit 1733 gab es keinen evangelischen Juristen mehr, und in der Besoldungsübersicht von 1748, die der Reformierte Kirchenrat dem Landesherrn anklagend vorlegte, standen 24 katholischen 4 reformierte Professoren, zusätzlich ein lutherischer Fechtmeister, gegenüber – zumeist bezogen erstere auch noch höhere Gehälter. Dieses Zahlenverhältnis blieb im wesentlichen bis zum Ende des Jahrhunderts bestehen, nur daß die Jesuiten nach Aufhebung des Ordens 1773 durch Lazaristen ersetzt wurden. Die Bevorzugung der katholischen Gelehrten und die Zurücksetzung der Evangelischen führte zu dauernden Streitigkeiten und heftigen Auseinandersetzungen, in denen sich offenbar ein Gutteil der wissenschaftlichen Energien der Universitätslehrer erschöpfte. Sie wirkten über Heidelberg hinaus, indem die evangelische Minorität immer wieder an den Gesandten Brandenburg-Preußens in Düsseldorf appellierte, für sie zu intervenieren. Auch das Corpus Evangelicorum, die evangelischen Reichsstände beim Reichstag in Regensburg, wurden gelegentlich für die Interessen des Restes der evangelischen Universität Heidelberg in Bewegung gesetzt.

Bei tüchtigen Leistungen Einzelner ist Heidelberg im 18. Jahrhundert doch arm an bedeutenden Gelehrten gewesen – der Jesuitenorden hatte schon längst den Schwung der Gründerphase verloren, seine Wissenschaftspflege war weithin herabgesunken in öde Scholastik und spitzfindig-blutleere Kasuistik. Die jesuitischen Professoren wechselten zudem dauernd, kaum einer blieb länger als 3 Jahre auf seiner Stelle. Die moderne Entwicklung ging an Heidelberg vorbei, trotz der Förderungsmaßnahmen des Kurfürsten Carl Theodor (1742–1799), der vor allem naturwissenschaftlich interessiert war und für diese Disziplinen neue Lehrstühle begründete, so 1752 eine Professur für Experimentalphysik und Mathematik. Ihr erster Inhaber, der Jesuitenpater Christian Meier, las auch über Chemie, Mineralogie und Astronomie. Schon vorher hatte der Kurfürst ein „Naturalienkabinett" einrichten lassen, den Grundstock für die späteren naturwissenschaftlichen Sammlungen. Die „Kurpfälzische Akademie der Wissenschaften" mit 10, später 15 staatlich besoldeten Mitarbeitern wurde aber nicht in Heidelberg, sondern 1763 in der Residenzstadt Mannheim gegründet. Mit ihrer naturwissenschaftlichen und ihrer meteorologischen Klasse wurden die modernen Wissenschaften hier weit stärker gepflegt als an der Heidelberger Universität; die historische Klasse sollte eine Geschichte der Kurpfalz erarbeiten. In Kaiserslautern entstand 1774 die „Kameral-Hohe-Schule". Hervorgegangen aus einer privaten Initiative, umfaßten ihre 3 Lehrstühle alle unmittelbar für das Wohlergehen von Staat und Wirtschaft nützlichen Disziplinen: Mathematik, Physik und Naturgeschichte (Zoologie und Mineralogie); Praktische Kameralwissenschaften (Staatswirtschaft, Natur- und Völkerrecht, Finanzwesen, Polizeiwissenschaft, Rechnungswesen); Landwirtschaft, Technologie, Handlung, Tierarzneikunde – diese Professur bekleidete der bekannte Pietist Johann-Heinrich Jung-Stilling. Als „Staatswirtschafts-Hohe-Schule" wurde diese Anstalt 1784 nach Heidelberg verlegt und bereicherte deren Lehrangebot erheblich. Die Philosophische Fakultät gliederte sich die 3 Professuren an, doch behielt die Schule in ihrem neuen Sitz, dem späteren Palais Weimar, eine gewisse Selbständigkeit.

Die so noch einmal gewachsene Universität beging mit viel Aufwand ihre Vierhundertjahrfeier. Wenige Jahre später geriet sie erneut in unmittelbare Existenznot, als die Besetzung der linksrheinischen Gebiete durch französische Truppen sie seit 1794 von ihren alten Einkünften abschnitt. Die Friedensschlüsse von Campo Formio (1797) und Lunéville (1801) forderten dann die territoriale Neuordnung Deutschlands heraus und entschieden damit auch über das Schicksal der Pfalz, die seit 1777 mit Bayern vereinigt war.

Heidelberg im 19. Jahrhundert

Der Übergang Heidelbergs an Baden im Jahre 1803 markiert den größten Einschnitt in der Geschichte unserer Universität. In den folgenden Jahren, als neben den linksrheinischen Universitäten Köln, Mainz und Trier auch viele andere deutsche Hochschulen untergingen, darunter so namhafte wie Erfurt, Helmstedt, Altdorf und Dillingen, erlebte Heidelberg fast eine zweite Gründung. Das Gedächtnis daran hält der bald aufgekommene Name Ruprecht-Karls-Universität (Ruperto-Carolina, später Ruperto-Carola) fest: Neben dem Kurfürsten Ruprecht I. wird Karl Friedrich von Baden (Markgraf seit 1738, Kurfürst seit 1803, Großherzog seit 1806, gestorben 1811) genannt, der durchaus persönlich seinen Ehrgeiz daransetzte, dem neuen badischen Gesamtstaat in Heidelberg einen geistigen Mittelpunkt zu geben. Heidelberg wurde die erste, das ehemals vorderösterreichische Freiburg 1805 die zweite badische Universität.

Mehr noch als dem bejahrten Fürsten verdankte Heidelberg aber dessen damals noch jungem Minister Sigismund von Reitzenstein. Der in Göttingen und Erlangen ausgebildete Franke Reitzenstein ist nicht nur der Schöpfer der neuen Staatlichkeit Badens, er hat sich beim Aufbau des Landes auch keiner Aufgabe so persönlich zugewendet wie der Erneuerung der Heidelberger Universität. In den Jahren, da er kein Staatsamt in Karlsruhe ausübte, lebte er in Heidelberg, kurze Zeit 1806/7 mit dem Amte des Kurators betraut, stets der Universität zugetan.

Das vom badischen Geheimrat Friedrich Brauer ausgearbeitete 13. Organisationsedikt des Landes Baden vom 13. Mai 1803 machte die Universität zu einer Landesbehörde, deren Angelegenheiten die Regierung in Karlsruhe regelte. Diese erließ daher konsequenterweise auch die neuen Statuten von 1805. Die Universität wurde Staatsanstalt und verlor ihre Privilegien. Fortan war der Großherzog selbst als höchster Chef der Staatsbehörde „Rector Magnificentissimus", während der aus der Mitte der ordentlichen Professoren gewählte Prorektor die verbliebenen körperschaftlichen Rechte wahrzunehmen hatte. Staatliche Vorschriften regelten den Lehrbetrieb und die Verwaltung der Universität mit manchen kurzfristigen Änderungen und mit großer Leidenschaft für das Detail. So wurde etwa festgelegt: „Alle Collegien müssen auf halbjährige Curse eingetheilt sein, mithin mit jedem halben Jahr sich schließen, damit niemand in Beziehung und Verlassung der Universität unnüz Zeit verlieren dürfe. Jeder Lehrer ist dabei schuldig, gleich anfangs seine Eintheilung so zu machen, daß er gleiche Zeit und Sorgfalt auf das Ende wie auf den Anfang der Collegien verwenden könne, mithin nicht am Schluß durch Eile oder Stundenverdopplung eine auf den Anfang zu reichlich verwendete Zeit einbringen müsse." Der Staat bestimmte auch, welche Vorlesungen künftig auf deutsch gehalten werden sollten oder durften; dies waren Deutsches Recht, Geschichte und Erdbeschreibung sowie die „schönen Wissenschaften". Andere aber sollten, um nicht „dem in unseren Tagen ohnehin so überhandnehmenden Geist der Frivolität, Oberflächlichkeit und Arbeitsscheue immer mehr Nahrung" zu geben, auch künftig lateinisch gehalten werden; das galt für theologische Dogmatik und Exegese, Römisches und Kanonisches Recht, Pathologie und Physiologie. Bei den übrigen Fächern wurde es ins Belieben des Lehrers gestellt, welche Sprache er verwenden wollte. Das Deutsche setzte sich aber bald in allen Fächern durch. Jeder Professor war genötigt, wöchentlich eine dreistündige unentgeltliche Vorlesung zu halten, dazu 2 bis 3 weitere Kollegs mit einem Gesamtumfang von mindestens 12 Stunden in der Woche, für die Hörergeld zu entrichten war.

Der Lehrkörper der Universität bestand wie bisher aus den ordentlichen Professoren (Ordinarien), die eine „für ein Hauptfach der Fakultätswissenschaften errichtete, mit einer damit verbundenen bestimmten Besoldung dotierte Lehrkanzel" innehatten – so die Definition in der „Staatsdiener-Pragmatik" von 1819. Ihnen folgten im Rang die etatmäßigen außerordentlichen Professoren (Extraordinarien), gleichfalls „Staatsdiener", d. h. Beamte, die aber „nur eine von der Regierung beliebig ihnen bewilligte Besoldung" bezogen. Daneben gab es Privatdozenten, denen als Auszeichnung der Titel „außerordentlicher Professor" verliehen werden konnte, aber ohne Gehalt oder irgendwelche Ansprüche, sowie Honorarprofessoren, die gleichfalls im allgemeinen nicht Beamte waren.

Das Wichtigste bei der Neuordnung nach 1803 war, daß der neue, modern organisierte Staat die Universität nicht mehr mit Gütern und Pfründen ausstattete, sondern die volle materielle Verantwortung selbst übernahm. Als die Abtretung der Kurpfalz an Baden bereits feststand, hatte der Kurfürst von Bayern noch im Mai 1802 der hochverschuldeten Universität ein Kapital geschenkt, das ihre Fortexistenz möglich machte. Ein Jahr später setzte das 13. Edikt für Heidelberg eine Jahresdotation von 40 000 Gulden aus, die schon 1804 auf 50 000

Gulden und später weiter erhöht wurde. Aus der gefreiten Korporation war definitiv eine vom Staat finanzierte und gelenkte Anstalt geworden, die aber ihre inneren Angelegenheiten weitgehend selbst verwalten durfte.

Für das äußere Gedeihen der Universität waren die Zeitumstände nach der Einverleibung der rechtsrheinischen Pfalz in den badischen Staat günstig. Baden hatte die Krise, die Preußen, Norddeutschland und auch Österreich noch bevorstand, bereits hinter sich und lebte im Napoleonischen Frieden. Zudem: Die erste Blüte der Romantik in Jena war eben vorüber, in Göttingen und Marburg wurde man unsicher; so gelang es der badischen Regierung – gelegentlich im Wetteifer mit dem damals gleichfalls reorganisierten Würzburg –, einige Jahre, bevor die neue Universität Berlin alle Blicke auf sich zog, eine Reihe hervorragender, meist junger Gelehrter zu gewinnen. Mit der Erblichkeit der Lehrstühle, der provinziellen Enge und der klerikalen Beschränktheit der letzten pfälzischen Jahrzehnte war es endgültig vorbei.

Frischer Wind tat allerdings auch dringend not. Der junge Carl Friedrich von Savigny äußerte sich im Oktober 1804 recht kritisch über den Zustand der Heidelberger Universität: „Das erste, was hier jedem Beobachter auffällt, ist die nicht geringe Zahl völlig unbekannter Lehrer, welche aus dem alten hülflosen Zustande der Universität übriggeblieben sind." Nach Reitzensteins Absicht sollte die Universität Freiburg hier Abhilfe schaffen; Freiburg war in seinen Augen „als ein Depotbataillon anzusehen und zu behandeln..., wohin man successive und bis zur gänzlichen Ausmerzung die mediocren Subjekte von Heidelberg untersteckt". Unabhängig von diesem Gedanken, der nicht verwirklicht wurde, wurde 1807 die katholische Abteilung der Theologischen Fakultät nach hundertjähriger Existenz in Heidelberg nach Freiburg verlegt.

Nur wenige Professoren der alten Universität haben längere Zeit über die Neuordnung von 1803 hinaus in Heidelberg gewirkt. Bei den evangelischen Theologen bildete der 1795 berufene Systematiker Karl Daub (1765–1836) die Klammer zwischen alter und neuer Zeit. Für das jeweils Moderne aufgeschlossen, war er in der Lage, für sich und seine Hörer den Wandel der idealistischen Philosophie von Kant über Schelling zu Hegel nachzuvollziehen. Erstmals seit dem 16. Jahrhundert erhielt mit Friedrich Heinrich Christian Schwarz (1766–1837, seit 1804 in Heidelberg), einem Schwiegersohn Jung-Stillings, ein Lutheraner eine Professur in der Theologischen Fakultät; mit Daub traf er sich in dem Gedanken der protestantischen Kirchenunion, die in Baden 1821 verwirklicht wurde. Das dann weithin strahlende theologische Dreigestirn wurde 1811 vervollständigt durch Heinrich Eberhard

Gottlob Paulus (1761–1853), der insbesondere zur Vertretung der Kirchengeschichte berufen wurde. Mit Paulus kam ein bereits berühmter Gelehrter nach Heidelberg, der allerdings seine große Zeit schon fast hinter sich hatte. Mit Vehemenz und ohne Abstriche vertrat er eine streng rationalistische Theologie und fand von hier aus den Weg auch zum politischen Liberalismus.

Die erste Stellung errang an der erneuerten Universität rasch die Juristische Fakultät, die für einige Zeit zur führenden in Deutschland wurde und bis weit über die Mitte des Jahrhunderts mehr als die Hälfte der Heidelberger Studenten umfaßte. Zwar lehnten die damals bedeutendsten und meistversprechenden Gelehrten Friedrich Carl von Savigny und Paul Johann Anselm von Feuerbach es ab, nach Heidelberg zu kommen, aber mit dem Romanisten Georg Arnold Heise (1778–1851, in Heidelberg 1804–1814), dem Kriminalisten Christoph Reinhard Dietrich Martin (1772–1857, in Heidelberg 1805–1816) und dem Pandektisten Anton Friedrich Justus Thibaut (1772–1840, in Heidelberg seit 1805) gewann Heidelberg 3 hervorragende, in Göttingen gebildete und aufgestiegene junge Juristen. Zu ihnen traten die Staatsrechtslehrer Johann Ludwig Klüber (1762–1837, in Heidelberg 1807–1817) und Carl Salomo Zachariae (1769–1843, seit 1807 in Heidelberg), die beide durch die Schule Pütters in Göttingen gegangen waren. Die so glänzend besetzte Fakultät geriet allerdings schon bald in ihre erste Krise. Der dauernden Streitigkeiten zwischen Thibaut und Martin müde, verließ Heise 1814 Heidelberg; im folgenden Jahr wurde Martin ein Opfer der Politik. Als Verfasser einer Petition Heidelberger Bürger an den Großherzog mit der Bitte um Einführung der Landstände wurden gegen ihn Untersuchungen angestellt und nach einer mitternächtlichen Haussuchung seine Papiere beschlagnahmt. Tief verletzt, reichte er daraufhin seine Entlassung ein, die ihm trotz einer Intervention des Senats zu seinen Gunsten im Januar 1816 von der Regierung gewährt wurde; er ging nach Jena.

Übrig blieb Thibaut, der – wie schon bei anderen Gelegenheiten – sich auch in der Petitionssache gegen Martin gestellt hatte. Eine leicht erregbare und phantasievolle Natur, lebte er nach dem Urteil seines philosophischen Kollegen Fries „seit dem Sturz Napoleons in lauter politischen Phantomen. Seine grenzenlose Borussophobie und Austriacomanie hat ihm die Revolutionsfurcht gebracht". Nach dem Weggang Heises und Martins war er bis zu seinem Tod 1840 das unbestrittene Haupt der Fakultät, obwohl seine juristischen Anschauungen durch das Fehlen der historischen Dimension des Rechts eher altmodisch waren. Zukunftsweisend war dagegen seine Forderung von 1814, ein „Nationalgesetzbuch", ein einheitliches bürgerliches Recht für ganz Deutschland zu schaffen – erst 1900 wurde sie verwirklicht. Als glänzender und geistreicher Lehrer zog Thibaut viele Studenten nach Heidelberg. Aber er war nicht nur Jurist. „Die Jurisprudenz ist mein Geschäft, mein Musiksaal ist mein Tempel." In seinem Haus in der Karlstraße versammelte sich jahrzehntelang der Singverein. Mit seiner Schrift von 1825 „Über Reinheit der Tonkunst", die große Beachtung fand und mehrfach nachgedruckt wurde, bekämpfte er das Virtuosentum und trat für die reine Vokalmusik ein. „Er ist, obgleich Jurist, von Hause aus eine weiche musikalische Natur", urteilte Goethe 1818 über Thibaut.

In der Medizinischen Fakultät lehrte seit 1773 Franz Anton Mai (1742–1814) Hebammenkunst und medizinische Institutionen, außerdem Physik und Botanik. Hoch angesehen und allgemein beliebt, war Mai mehr Praktiker als Wissenschaftler. Eine Vorlesungsankündigung von 1799 zeigt seine aufklärerische Originalität: „Geheimrat und Professor Mai wird wöchentlich zweimal Monita Medico-Practica vortragen, seine eigenen am Krankenbett in der Jugend begangenen medizinischen Fehler freimütig bekennen, um junge Anfänger davor zu warnen und ihnen einen tieferen praktischen Blick, einen richtigeren Beobachtungsgeist beizubringen." Mai bemühte sich vor allem um die Popularisierung medizinischer Erkenntnisse in „Fastenpredigten" oder „Vorlesungen über die Körper- und Seelendiätik zur Verbesserung der Gesundheit und Sitten", die er vor der vornehmen Gesellschaft in Mannheim hielt. Nach der Reorganisation der Universität wurde Jakob Fidelis Ackermann (1765–1815, seit 1805 in Heidelberg) für Anatomie und Physiologie berufen sowie Franz Karl Nägele (1778–1851, seit 1807 in Heidelberg), ein Schwiegersohn Mais, für Pathologie. Nägele zählt zu den Begründern der wissenschaftlichen Geburtshilfe.

Als erstes Klinikum der reorganisierten Universität diente seit 1804 das kurz zuvor säkularisierte Dominikanerkloster (Hauptstraße/Brunnengasse), in dem mit der Anatomie, der Entbindungsanstalt und dem Botanischen Institut auch alle übrigen Anstalten der Medizinischen Fakultät Unterkunft fanden. Die Kliniken und die Entbindungsanstalt wurden 1818 in die Kaserne im Marstall verlegt, die medizinische und die chirurgische Klinik 1844 in das Collegium Carolinum (heutige Zentrale Universitätsverwaltung). Für die Anatomie wurde 1849 ein Neubau in der Brunnengasse errichtet – der einzige Universitätsneubau im ersten Halbjahrhundert nach der Reorganisation.

Nachfolger Ackermanns wurde Friedrich Tiedemann (1781–1861, in Heidelberg seit 1815). Im Gegensatz zu dem vierschrötigen, vor allem organisatorisch begabten Ackermann, der seine Herbstvorlesungen in jedem Jahr 2 Wochen später als üblich begann, um zuvor seine Weinberge in Rüdesheim abernten zu können, war Tiedemann eine Aristokratennatur mit großen wissenschaftlichen Fähigkeiten; er ist zum Mitbegründer der modernen Physiologie geworden. Um die Medizin in Heidelberg hat er sich insbesondere durch die Anlegung anatomischer Sammlungen verdient gemacht. Über die Medizin hinaus ist sein Name dadurch bekannt geblieben, daß einer seiner Söhne während der badischen Revolution 1849 Festungskommandant in Rastatt war und nach der Übergabe vom preußischen Militär standrechtlich erschossen wurde; trotzdem erhielt Tiedemann, der selbst konservativ eingestellt war, 1851 von Friedrich Wilhelm IV. von Preußen den Pour le Mérite.

Am ungünstigsten war es zu Beginn des Jahrhunderts zweifellos um die Philosophische Fakultät bestellt, die daher auch besonders dringend der Fürsorge der neuen Herren bedurfte. „Zu tatloser Mitwirkung an der erneuerten Universität", wie es im Berufungsschreiben hieß, wurde der Homer-Übersetzer Johann Heinrich Voß (1751–1826, seit 1805 in Heidelberg) aus Jena angeworben; als Staatspensionär sollte er der Universität als Aushängeschild dienen, stiftete aber durch eine nicht abreißende Kette literarischer Fehden mit Romantikern und „Kryptokatholiken" viel Unfrieden. Sein besonderer Haß galt Georg Friedrich Creuzer (1771–1858, in Heidelberg seit 1804), der auf Empfehlung Daubs als Professor für Klassische Philologie gewonnen worden war. Das Hauptinteresse dieses phantasievollen Gelehrten galt der „Symbolik und Mythologie der alten Völker, besonders der griechischen", wie sein wichtigstes Werk heißt, das in 4 Bänden 1810–1812 erschien. Nicht zuletzt auf Creuzers Wirken ging es zurück, wenn Heidelberg um 1815 in Breslau als „Brutstätte des finstersten Mystizismus" verrufen war. Creuzer, der auch über Kunstgeschichte las, verstand sich aber durchaus auch auf die Ausbildung tüchtiger Gymnasiallehrer; 1807 begründete er das Philologische Seminar. Durch ihn kam für kurze Zeit der später berühmt gewordene Philologe August Böckh (1785–1867, in Heidelberg 1807–1811) nach Heidelberg, ging aber 1811 an Berlin verloren – ebenso wie eine Reihe anderer junger Dozenten verschiedener Fakultäten, vor allem die Theologen Marheinecke, de Wette, Neander.

Der Lehrstuhl für Philosophie wurde Jakob Friedrich Fries (1773–1843, in Heidelberg 1805–1816) übertragen. Fries verstand sich als Kantianer, für den die psychologische Anthropologie Grundlage aller Philosophie war. Seine Aufgabe sah er darin, die „bloße Spekulation" zu bekämpfen, „wodurch die jungen Leute häufig vom Studium der wahrhaft anwendbaren Wissenschaften abgehalten werden". Im Zerwürfnis mit Thibaut und aus Protest gegen das Vorgehen der Regierung gegen Martin ging er 1816 nach Jena, wo er dann rasch in die Folgen des Wartburgfestes verwickelt wurde und 1819–1824 suspendiert war. Sein Nachfolger in Heidelberg wurde Hegel

(1770–1831, 1816–1818 in Heidelberg), für den Heidelberg die erste Professur war. Mit Hegel besaß Heidelberg nach dem Urteil Daubs „zum erstenmal... seit Stiftung der Universität einen Philosophen". Hegel begann seine Vorlesungstätigkeit vor 4 Zuhörern, steigerte sie dann aber rasch auf 20–30. Für den Gebrauch in seinen Vorlesungen bestimmt, veröffentlichte er in seiner Heidelberger Zeit die „Enzyklopädie der philosophischen Wissenschaften im Grundrisse" und legte damit erstmals das Ganze seines Systems vor. Er blieb aber nur 2 Jahre hier, da der Berliner Sand nach seiner Meinung für die Philosophie eine empfänglichere Sphäre war als Heidelbergs romantische Umgebung. Sein Weggang ließ die Philosophie in Heidelberg für fast ein halbes Jahrhundert ohne zureichende Vertretung.

Erster Historiker der erneuerten Universität wurde Friedrich Wilken (1777–1840, in Heidelberg 1805–1817), seit 1809 nebenher zugleich Direktor der Universitätsbibliothek; Wilken ging dann gleichfalls nach Berlin und machte in Heidelberg einem Bedeutenderen Platz, Christoph Friedrich Schlosser. Unter den Naturwissenschaftlern ragt der aus Wilna für Mathematik und Maschinenlehre berufene Carl Christian von Langsdorf (1757–1834, seit 1806 in Heidelberg) hervor. Die „Staatswirtschaftliche Hohe Schule" war bei der Neuorganisation der Universität in eine „Staatswirtschaftliche Sektion" umgewandelt, aber in dem alten unglücklichen Verhältnis zur Philosophischen Fakultät belassen worden; erst 1822 wurde sie vollständig mit ihr verschmolzen.

Literarisch präsentierte sich die erneuerte Universität seit 1808 mit einer eigenen Zeitschrift „Heidelbergische Jahrbücher", die Abhandlungen und Rezensionen enthielt; die namhaftesten Professoren zeichneten als Redaktoren: Daub, Schwarz, Thibaut und Heise, Ackermann und Langsdorf, Creuzer und Wilken. Mit diesen „Jahrbüchern" wurde – zum großen Verdruß von Voß – die Brücke zu Schelling und den Romantikern geschlagen.

Was Heidelberg in jenen Jahren der Romantik für Deutschland bedeutete, kann nicht allein von der Universität her, aber auch nicht ohne sie verstanden werden. Clemens Brentano und Achim von Arnim, die hier des „Knaben Wunderhorn" sammelten, gehörten nicht zur Universität, aber sie standen Creuzer nahe und waren eng befreundet mit Joseph von Görres, der 1806–1808 als Privatdozent – allerdings ohne große Befriedigung – Vorlesungen über germanistische Themen und Philosophie hielt. So wie an Arnims „Zeitung für Einsiedler" (1807/8) die Professoren Creuzer und Wilken mitwirkten, waren an den „Heidelberger Jahrbüchern" auch die Brüder Schlegel, Jean Paul und andere Romantiker beteiligt. Goethe ließ seinen Sohn August im Jahre 1808 in Heidelberg studieren, er selbst aber wurde nicht so sehr durch die Universität als vielmehr durch die Sammlung altdeutscher und niederländischer Gemälde hierher gelockt, die die Brüder Boisserée in das Palais Sickingen gebracht hatten, wo sie bis 1819 das Ziel vieler Reisender blieb. Die dem Empfinden der Romantiker so einzigartig entsprechende Landschaft, die Lage der Stadt zwischen Neckar und Schloßberg, vor allem die Schloßruine selbst brachte der französische Emigrant Graf Graimberg, seit 1810 in Heidelberg um die Erhaltung der Trümmer bemüht, durch seine Stiche dem Bewußtsein der gebildeten Deutschen nahe, wenige Jahre, nachdem Hölderlins „kunstlos Lied" entstanden war:

„Du, der Vaterlandsstädte
ländlichschönste, so viel ich sah."

Auch politisch waren die Heidelberger Romantiker wirksam. Durch ihre Pflege der altdeutschen Dichtkunst und ihr Bemühen um Wekkung des vaterländischen Sinnes entzündete sich nach dem Zeugnis des Freiherrn vom Stein in Heidelberg ein gut Teil des deutschen Feuers, das später die Franzosen verzehrte.

Damals wurde Heidelberg zur Fremdenstadt. Das Urteil im Ausland über deutsche Universitäten und ihr studentisches Leben war seither jahrzehntelang von Heidelberger Eindrücken geprägt. Heidelberg war attraktiv geworden – das zeigte sich auch an den Studentenzahlen. Die Immatrikulationsziffer, die im letzten pfälzischen Jahrzehnt auf unter 50 gesunken war, begann alsbald nach dem Übergang an Baden zu steigen und übertraf seit 1805 Jena, in einigen Jahren sogar Leipzig, konnte freilich Göttingen oder gar Berlin nie erreichen. Um die Perspektive auszuziehen: Die Gesamtzahl der Studierenden verharrte zunächst zwischen 300 und 400, erreichte 1818 erstmals 600, stieg 1830 auf 800 und 1832 gar auf 1000. Im Einzelnen sind die Schwankungen von Semester zu Semester groß; Heidelberg war eine „Sommeruniversität", und die Zahlen lagen in den Sommersemestern um 25%, manchmal um mehr als 40% über denen des Winters. Unter den Fakultäten war die Juristische die bei weitem stärkste, bis etwa 1880 stellte sie durchweg mindestens die Hälfte, in einzelnen Jahren bis zu zwei Dritteln der Studentenschaft. Die Philosophische Fakultät hat in der Lehre zunächst weitgehend die Funktion der „Allgemeinen Sektion" behalten, wie sie im Edikt von 1803 benannt wurde. Sie diente der allgemeinen Bildung der Juristen, Theologen und Mediziner und hatte daher in der ersten Zeit selten mehr als 10%, zuweilen weniger als 4% aller Studenten; erst 1861 überschritt sie die Zahl von 100 Studenten. Mit dem Ausbau des Gymnasialwesens und dem Studium der Oberlehrer wuchs ihr relativer und absoluter Anteil dann aber beträchtlich; bei der Teilung 1890 waren in der Naturwissenschaftlich-mathematischen Fakultät 17% und in der nun verkleinerten Philosophischen Fakultät 19% aller Studenten immatrikuliert.

Das äußere Bild der Studentenschaft ist im 19. Jahrhundert von ihren Organisationen geprägt. Gemessen an ihren Kommilitonen in Halle, Jena oder Gießen hatten die Studenten der alten pfälzischen Universität unter ihresgleichen als harmlos gegolten. Der vielgereiste Magister Laukhard berichtete um 1775: „Die (Heidelberger) Studenten unterscheiden sich in ihrer Aufführung wenig von Gymnasiasten, es fehlt ihnen allen das sonst bei Studenten gewöhnliche freie, unbefangene Wesen. Doch saufen die Leutchen wie Bürstenbinder, denn der Wein ist sehr wohlfeil da. Schlägereien sind gar nicht Mode, obgleich es den Studenten erlaubt ist, Degen zu tragen. Aber zum Ausgleich nehmen die Herren allerlei Zeug vor, welches sonst Schüler aus Mutwillen oder Langeweile zu tun pflegen: sie spielen Ball, gehen auf Stelzen, suchen Vogelnester." In Handschuhsheim besaßen die Studenten seit dem 17. Jahrhundert Jagdgerechtigkeit, ein Privileg, das ihnen bis weit ins 19. Jahrhundert verblieb.

Geheimorden und Landsmannschaften faßten erst um die Wende zum 19. Jahrhundert Fuß, aber schon 1802 verbot der akademische Senat alle „der Moralität höchst nachteiligen Orden, Verbindungen und sonstige geheime Gesellschaften"; seit 1805 mußte sich jeder Student bei seiner Immatrikulation verpflichten, keiner studentischen Vereinigung beizutreten. Verpflichtung und Verbot bewirkten allerdings trotz vielfacher Einschärfung und Wiederholung bis über die Mitte des Jahrhunderts und trotz Unterstützung durch großherzogliche Erlasse gar nichts. Seit 1810 bildeten sich aus den Orden und den meisten Landsmannschaften die ersten Corps, benannt nach ihren geographischen Einzugsbereichen, nach den Befreiungskriegen wurde 1817 von etwa 170 Studenten die Burschenschaft in Heidelberg begründet. Die treibende Kraft dabei war Friedrich Wilhelm Carové (1789–1852), der im gleichen Jahr auf dem Wartburgfest als einer der studentischen Sprecher hervortrat. Carové war gemäßigt – den Teutonismus und Nationalismus Jenaer und Berliner Art, durch den Juden und Ausländer vom Beitritt ausgeschlossen waren, konnte er von der Heidelberger Burschenschaft fernhalten. Als nach dem Mord an Kotzebue in Mannheim 1819 auch in Heidelberg Untersuchungen eingeleitet wurden, stellte der Senat der Burschenschaft das beste Zeugnis aus: „Die Mitglieder derselben betragen sich stets vorzüglich gesittet und anständig, sie gehören zugleich zu den fleißigsten unter den hiesigen Studenten und vollziehen untereinander nur äußerst selten Duelle." Im Gegensatz etwa zu Preußen bestanden daher Burschenschaft und Corps weiter, wenn sie auch nicht offiziell zugelassen waren. Die

Heidelberger Burschenschaft war im übrigen politisch nicht sonderlich interessiert; 1823 trat sie sogar aus der Dachorganisation der „Allgemeinen Burschenschaft" wegen deren allzu starker Politisierung aus. Dementsprechend blieben die Demagogenverfolgungen der nächsten Jahre in Baden ohne schwerwiegende Weiterungen.

Corps und Burschenschaft, die sonst in heftiger Konkurrenz zueinander standen, handelten 1828 gemeinsam, als es über die Rechte der Studenten in der neugegründeten Museumsgesellschaft zu einem schweren Konflikt mit der Bürgerschaft kam. Etwa 450 Studenten zogen nach Frankenthal/Pfalz, wo sie 3 Tage blieben, bis sie von den bayerischen Behörden ausgewiesen wurden. Burschenschaft und ein Teil der Corps verhängten einen dreijährigen Boykott („Verruf") über Heidelberg, und in der Tat ging die Studentenzahl von 787 im Sommersemester 1828 auf 566 im Wintersemester 1828/29 zurück. Der Frankenthaler Auszug war schon der zweite in diesem Jahrhundert. Bereits 1804 hatte ein großer Teil der Studenten nach Zusammenstößen mit dem Militär wegen Übertretung des Verbots, beim Passieren der Wache zu rauchen, Heidelberg verlassen und war nach Neuenheim ausgezogen; auf Bitten von Senat und Bürgerschaft kamen sie allerdings bereits einen Tag später zurück.

Der Frankenthaler Auszug rief eine neue landesherrliche Verordnung hervor. Gegen alle geheimen Verbindungen sollte in Zukunft mit Kriminal-, statt wie bisher mit akademischen Strafen vorgegangen werden. Corps und Landsmannschaften wurden offiziell zugelassen, die Burschenschaft verboten. Dabei blieb es; burschenschaftliche Ersatzvereinigungen, die sich allmählich bildeten, nannten sich Verbindung. Die Corps entpolitisierten sich weiter, zogen sich auf Pflege und Ausgestaltung ihres Komments zurück und schlossen das Hineinziehen politischer Fragen in das studentische Leben ausdrücklich aus. Am Hambacher Fest 1832 beteiligten sich 300 Heidelberger Studenten, zumeist Burschenschafter, die mit einer schwarz-rot-goldenen Fahne auszogen; als ihr Vertreter hielt Karl Heinrich Brüggemann (1810–1887) auf dem Hambacher Schloß eine vielbeachtete Ansprache. Auch am Frankfurter Wachensturm 1833 nahmen Heidelberger Studenten maßgeblich teil. Trotz einiger Relegationen wegen Zugehörigkeit zur Burschenschaft wirkte sich die politische Repression in Baden so wenig aus, daß Preußen zwischen 1833 und 1839 seinen Untertanen verbot, in Heidelberg zu studieren.

Den Corps und Verbindungen hat in der ersten Hälfte des 19. Jahrhunderts bis zu einem Viertel der Heidelberger Studenten angehört. Die Nichtorganisierten schlossen sich erst später zusammen; seit den vierziger Jahren bildeten sie vor allem Lesevereine, aus deren einem 1848 der allerdings rasch verbotene „Demokratische Studentenverein" hervorging. Nach der Revolution beherrschten wiederum die Corps das Feld, ihr „Senioren-Convent" trat als Vertreter der ganzen Heidelberger Studentenschaft auf. Eine neue Burschenschaft konnte erst 1854 gegründet werden. 2 Jahre später hob der Senat das Verbot studentischer Vereinigungen auf und ließ Vereine und Verbindungen ohne Rücksicht auf ihre Zwecke zu. Damit war der Weg frei für studentische Organisationen aller Art – 1886 existierten in Heidelberg 5 Corps, 2 Burschenschaften und insgesamt 22 Korporationen, 1910 waren es 34. Seit 1881 gab es auch eine Studentenvertretung, den „Ausschuß der Studentenschaft", in den alle amtlich registrierten Korporationen einen Vertreter entsandten; dazu kamen je Fakultät 2 gewählte Vertreter der nichtorganisierten Studenten, obwohl diese um 1900 etwa 65% der Studierenden ausmachten. Jeder Student mußte für diesen Ausschuß einen Semesterbeitrag zahlen. Als Gesamtvertretung der Nichtorganisierten wurde im Wintersemester 1903/4 die „Heidelberger freie Studentenschaft" gegründet, die den Monopolanspruch des Ausschusses bestritt und wissenschaftliche, sportliche und soziale Aktivitäten entfaltete. Sie löste sich aber noch vor dem Ersten Weltkrieg wieder auf.

Die Anziehungskraft Heidelbergs in den ersten Jahrzehnten des 19. Jahrhunderts beruhte auf einer nicht geringen Zahl berühmter Professoren, die teilweise viele Jahre an der Universität tätig waren. Von ihnen gehörten Paulus, Thibaut, Nägele, Creuzer und Langsdorf zur Gründergeneration nach der Reorganisation der Universität von 1803; zu ihnen traten bis 1825 in allen Fakultäten Gelehrte, die den Ruf Heidelbergs weitertrugen.

Seit 1816 gab es in Heidelberg bis zum Ausscheiden Langsdorfs 2 Ordinarien für Mathematik. Ferdinand Schweins (1780–1856, seit 1810 Privatdozent in Heidelberg) war Vertreter der Kombinatorik; in seiner „Theorie der Differenzen und Differentiale" (1825 erschienen) entwickelte er eine Theorie der Determinanten unter der Formel „Produkte mit Versetzungen". Schweins fand den Anschluß an die moderne Mathematik nicht: „Er glaubte noch an sich, als alle diesen Glauben verloren hatten" (Cantor). Schon 1814 war Leopold Gmelin (1788–1853) zum a.o. Professor für Chemie und Mineralogie innerhalb der Medizinischen Fakultät berufen worden; 3 Jahre später erhielt er das Ordinariat. Gmelin, der Entdecker der Gallensäuren und des roten Blutlaugensalzes, wurde in Heidelberg zu einem der Mitbegründer der wissenschaftlichen Chemie, sein dreibändiges „Handbuch der theoretischen Chemie", das seit 1817 erschien, erlebte in immer neuer Bearbeitung mehrere Auflagen. Mit Tiedemann zusammen arbeitete er vor allem über physiologische Chemie. Als er 1851 auf eigenen Antrag in den Ruhestand versetzt wurde, empfahl er Bunsen als seinen Nachfolger, nachdem Liebig einen Ruf abgelehnt hatte.

Größere Außenwirkung erreichte Gmelins Kollege in der Medizinischen Fakultät, Maximilian Joseph (von) Chelius (1794–1876, seit 1817 in Heidelberg). Chelius, aus Mannheim gebürtig, war eine Art Wunderkind; mit 15 Jahren immatrikuliert, wurde er schon 3 Jahre später promoviert. Zunächst a.o. Professor, erhielt er 1818 die Professur für Chirurgie und Augenheilkunde; außerdem wurde er Leiter der neugebauten Chirurgischen Klinik. Im Geleitwort zum ersten Rechenschaftsbericht des „Akademischen Hospitals" nannte Chelius als Aufgabe dieses Instituts: Heilung der Kranken, Unterricht der Studierenden, Förderung der Wissenschaft. Chelius begründete den Weltruf der Heidelberger Medizin. Seine große Begabung als Chirurg zog Studenten und Patienten in großer Zahl nach hier, gekrönte Häupter wie der blinde Georg V. von Hannover und Napoleon III. konsultierten ihn. 1830 führte er als Erster eine Laparotomie durch; allerdings starb die Patientin wenige Stunden danach am Schock. Sein vielgerühmtes „Handbuch der Chirurgie" erlebte 8 Auflagen und wurde in 11 Sprachen übersetzt. Der Ausfaltung von Spezialdisziplinen aus der allgemeinen Medizin hat Chelius bis zu seiner Emeritierung 1864 Widerstand geleistet. So verhinderte er, daß die Augenklinik, die der Helmholtz-Schüler Jakob Hermann Knapp (1832–1911, in Heidelberg 1859–1868) als Privatunternehmen begründet hatte, in eine selbständige Universitätsanstalt umgewandelt und damit die Ophthalmologie von der Chirurgie abgetrennt wurde: „Mit demselben Rechte könnte man für jede Spezialität gleiche Forderungen stellen: die Errichtung von Orthopädischen Instituten, von Instituten für Ohrenkrankheiten und solche für Kinderkrankheiten." Dieser Mangel an Voraussicht schmälert indes seine Bedeutung nicht. Wie Theodor Billroth aus Anlaß seines Todes feststellte, war Chelius „einer der berühmtesten und beliebtesten Ärzte Europas und gehörte zu denjenigen, welche nicht nur die deutsche Chirurgie akademisch, sondern auch die deutschen Chirurgen salonfähig gemacht haben".

In die Philosophische Fakultät gelangte 1817 mit Friedrich Christoph Schlosser (1776–1861) ein Historiker, dessen heller Rationalität die romantische Richtung bisheriger Heidelberger Gelehrsamkeit, insbesondere Symbolik und Mythos im Geiste Creuzers, zuwider waren. Schlosser lebte aus dem Geist des 18. Jahrhunderts und verstand sein Amt als Geschichtsschreiber und akademischer Lehrer als Auftrag zu politischer Erziehung, wenngleich er für sich jede politische öffentliche Wirksamkeit ablehnte. Orientiert am Humanitätsbild der Aufklärung, galt sein literarischer Kampf wie seine Lehrtätigkeit mit der Strenge eines Sittenrichters und in sehr drastisch formulierten Urteilen

„Pfaffentum" und „Obskurantismus", Absolutismus und Aristokratie. Seine berühmte „Geschichte des 18. Jahrhunderts und des neunzehnten bis zum Sturz des französischen Kaiserreichs" erschien erstmals 1823 in 2 schmalen Bänden und war vor allem in der 1843—1848 veröffentlichten, auf 7 Bände ausgedehnten dritten Auflage verbreitet. Bekannt geblieben ist Schlosser weiteren Kreisen bis zum Ende des Jahrhunderts durch seine „Weltgeschichte für das deutsche Volk". Alle seine Arbeiten atmeten den Geist des vorwissenschaftlichen Zeitalters; Quellenkritik und Materialsammeln war nicht seine Sache. Das „Abgeschmackte des Treibens der Sammler, Stoppler, Foliantenschreiber" hat er denn auch nur mit Hohn abgefertigt. Als er 1861 starb, hatte er sich selbst überlebt und war seit langem zum Denkmal einer vergangenen Zeit geworden.

In der Juristischen Fakultät ging 1821 mit Karl Joseph Anton Mittermaier (1787—1867) neben dem alternden Thibaut ein neuer Stern auf. Mittermaier, ein Schüler Feuerbachs, war Strafrechtler, „eine ausgreifende, aufs Praktische angelegte Persönlichkeit von unermüdlicher Arbeitslust und Arbeitskraft", wie Georg Weber ihn aus eigener Erinnerung charakterisierte. Neben über 30, gelegentlich mehrbändigen Werken hat Mittermaier mehr als 600 Zeitschriftenaufsätze verfaßt. Als erster nahm er sich des Gebiets der Rechtsvergleichung an; zusammen mit Zachariae begründete er die „Kritische Zeitschrift für Rechtswissenschaft und Gesetzgebung des Auslands" (1828—1856). In zahlreichen Publikationen kämpfte er für eine Reform des Strafprozeßrechts und des Gefängniswesens und verwarf die Todesstrafe als ungeeignet zur Eindämmung der schweren Verbrechen. Mittermaier war ein beliebter und gefeierter Lehrer. Allerdings muß das Leben in Heidelberg damals für Professoren wie für Studenten nicht immer leicht gewesen sein. Hielt Chelius im Sommersemester seinen Operationskurs um 5 Uhr morgens, so las Mittermaier bis zu 25 Stunden in der Woche über deutsches Privat- und Strafrecht, Zivil- und Strafprozeß. Thibauts Nachfolger Vangerow hielt sein Pandektenkolleg im Wintersemester oft bis 4 Stunden täglich. Auch politisch war Mittermaier tätig, als Stadtrat in Heidelberg wie als Abgeordneter in der Zweiten Badischen Kammer. Ein dankbares Andenken hat er sich bis heute durch die Schenkung seiner umfangreichen Büchersammlung an die Universitätsbibliothek bewahrt.

Neben diesen Großen der Wissenschaft seien von den in den zwanziger Jahren Berufenen nur 2 Namen genannt. Als Ordinarius und Direktor der Heidelberger Medizinischen Klinik wirkte neben Chelius seit 1824 jahrzehntelang Friedrich August Benjamin Puchelt (1784—1856), der vor allem als Praktiker berühmt war, aber auch eine große literarische Tätigkeit entfaltete. Puchelt benutzte als einer der ersten Auskultation und Perkussion zur Diagnosenstellung, die sein Vorgänger Conradi noch als Scharlatanerie abgelehnt hatte. Als Ordinarius für Nationalökonomie wurde 1822 Karl Heinrich Rau (1792–1870) berufen, der auch über Technologie und Landwirtschaft las. Ausgezeichnet durch große Belesenheit und Gründlichkeit, war Rau – sonst nach dem Urteil der Zeitgenossen wissenschaftlich und politisch eher opportunistisch gesinnt – ein entschiedener Gegner Friedrich Lists und trat für Freihandel und freie Konkurrenz ein. Sein vierbändiges „Lehrbuch der politischen Ökonomie", zuerst 1826–1837 erschienen, ist lange Zeit hindurch in der deutschen Nationalökonomie die maßgebliche Darstellung geblieben.

In den dreißiger und vierziger Jahren vollzog sich in der Professorenschaft allmählich ein Generationswechsel – neben die Veteranen aus der ersten Zeit der erneuerten Universität traten jüngere Gelehrte, die teilweise neuen wissenschaftlichen Tendenzen verpflichtet waren und ihnen in Heidelberg zum Durchbruch verhalfen. Bei den Neuberufungen war ein Aufstieg am Ort selten. Da sich Heidelberg nicht als badische Landesuniversität – dafür war Freiburg da –, sondern als deutsche Universität verstand, wurde darauf geachtet, durch bedeutende, schon anderwärts ausgewiesene Lehrer und Wissenschaftler Attraktivität zu behaupten und zu gewinnen.

Besonders auffallend war die Überalterung in der Theologischen Fakultät – Mitte der dreißiger Jahre waren 4 der 6 Professoren über 70 Jahre alt. Eine grundlegende Wende in der geistigen Orientierung der Fakultät brachte 1837 die Berufung von Richard Rothe (1799–1867), der – mit einer fünfjährigen Unterbrechung – 30 Jahre in Heidelberg lehrte. Er wurde Nachfolger Daubs und Schwarz', die kurz hintereinander gestorben waren. Rothe war der bedeutendste Systematiker der modernen Vermittlungstheologie. Seine persönliche und wissenschaftliche Ausstrahlungskraft ist außergewöhnlich groß gewesen; sein philosophischer Kollege Kuno Fischer sprach von ihm als „dem inkarnierten Christentum". Rothe war eine auf Ausgleich und Brückenschlag bedachte Natur, für sein theologisches Selbstverständnis ist eine Aussage von 1856 bezeichnend: „Gott hat mir eines geschenkt..., daß ich mit meinem Verstande nie einen Kampf um den Glauben gehabt habe, daß in mir persönlich niemals Glaube und Denken feindselig aneinandergeraten sind..., daß ich von dem angeblichen Gegensatze zwischen einfältigem Kinderglauben und furchtloser Teilnahme an der Bildung der Zeit nie eine persönliche Erfahrung gemacht habe." Durch seine dreibändige „Theologische Ethik" (1845–1848) hat Rothe weithin gewirkt. Da Heidelberg als teurer Ort galt, studierten allerdings nur verhältnismäßig wenige Theologen hier – bei Rothes Amtsantritt waren es 14 neben über 200

Juristen und etwa 150 Medizinern; bis 1850/51 stieg die Zahl der Theologen auf 50.

Die Führung der Fakultät überließ Rothe seinem Kollegen Karl Ullmann (1796–1865; 1821–1829 und 1836–1853 in Heidelberg), gleichfalls einem Vermittlungstheologen, der 1853 in die badische Kirchenleitung überwechselte. Als Alttestamentler wirkte seit 1829 Friedrich Wilhelm Karl Umbreit (1795–1860), 1847 kam als Professor für Neues Testament und Kirchengeschichte Karl Bernhard Hundeshagen (1810–1872; 1847–1867 in Heidelberg) hinzu, so daß die Fakultät um die Jahrhundertmitte glänzend besetzt war. Für systematische Theologie wurde 1851 Daniel Schenkel (1813–1885) berufen, der sich in Heidelberg vom Vertreter der Orthodoxie zum Liberalen wandelte. Durch sein „Charakterbild Jesu für die Gemeinde" löste er 1864 einen Sturm der Entrüstung in der badischen Kirche und darüber hinaus aus und machte die Heidelberger Theologen bei vielen so verdächtig, wie es einst der Rationalismus von Paulus getan hatte.

In die Juristische Fakultät wurde 1840 mit Karl Adolf von Vangerow (1808–1870) ein Nachfolger für Thibaut berufen, der Heidelberg zur „Pandektenuniversität" (Mohl) machte; sein berühmtes Kolleg über die Pandekten zog zeitweise über 300 Hörer an – nach dem Urteil eines Zeitgenossen waren die Vorlesungen seiner Kollegen „bloß geduldete Gemeinden neben der großen herrschenden Kirche". Vangerow war ein leidenschaftlicher Befürworter des Römischen Rechts, das er noch in seiner Zeit möglichst unverändert angewendet wissen wollte; anders als Thibaut besaß er aber durchaus Sinn für die historische Dimension des Rechts. Er wirkte vor allem als akademischer Lehrer; seine wissenschaftliche Produktivität war demgegenüber nicht übermäßig groß, doch fand sein „Lehrbuch der Pandekten" weite Verbreitung. Da seine Nachfolger Bernhard Windscheid (1817–1892, in Heidelberg 1870–1874) und Ernst Immanuel Bekker (1827–1916, seit 1874 in Heidelberg) die Pandektentradition fortsetzten, verfügte Heidelberg durch das ganze 19. Jahrhundert hindurch über eine qualitativ hochstehende Vertretung des Römischen Rechts, wie sie sich sonst an keiner deutschen Universität fand. Vangerow wirkte auch über seine Fakultät hinaus, er galt als „das Haupt und der Fürst der Universität" (G. Weber), dem an Ansehen nur der Historiker Häusser gleichkam.

Die Erfolge Vangerows und des alten Mittermaier ließen denn auch Robert (von) Mohl (1799–1875), der 1847 für Staatsrecht berufen wurde, in Heidelberg nicht recht heimisch werden. In Tübingen wegen seiner politischen Gesinnung und Betätigung gemaßregelt, wurde Mohl in Heidelberg als Verstärkung der liberalen Partei begrüßt, konnte sich aber bei seinem hohen Selbstwertgefühl nicht recht daran gewöhnen, hinter den für die Studenten attraktiveren Kollegen im zweiten Glied zu stehen. Nachdem er als Mitglied der Paulskirche und zeitweiliger Reichsjustizminister aktiv politisch tätig gewesen war, nahm er diese Beschäftigung Ende der fünfziger Jahre wieder auf und verließ 1861 die Universität, um badischer Gesandter beim Frankfurter Bundestag zu werden. Aus seiner großen wissenschaftlichen Produktion fallen in die Heidelberger Zeit die damals vielbeachteten Werke „Geschichte und Literatur der Staatswissenschaften" (3 Bände 1855–1858) und „Enzyklopädie der Staatswissenschaften" (1859).

Neben Schlosser, der sich mehr und mehr zurückzog, vertraten 2 seiner Schüler seit den vierziger Jahren in der Philosophischen Fakultät die Geschichtswissenschaft: Ludwig Häusser (1818–1867) und Georg Gottfried Gervinus (1805–1871). Häusser bietet das seltene Beispiel eines in Heidelberg zum Ordinarius (1849) aufgestiegenen Privatdozenten (seit 1840, 1845 a.o. Professor). In der Pfalz aufgewachsen, hatte er sich mit seiner zweibändigen „Geschichte der Rheinischen Pfalz nach ihren politischen, kirchlichen und literarischen Verhältnissen" (1845 erschienen) als Landeshistoriker ausgewiesen. Sein Ansehen vermehrte die „Deutsche Geschichte vom Tode Friedrichs des Großen bis zur Gründung des Deutschen Bundes" (1854–1857 in 4 Bänden erschienen), Zeitgeschichte schrieb er mit einer Biographie über Friedrich List (1850) und den „Denkwürdigkeiten zur Geschichte der Badischen Revolution" (1851). Wie Schlosser leitete Häusser aus seinem Amt als Historiker den Auftrag zu politischer Erziehung her, verstand ihn jedoch konkreter als Erziehung zu nationaler Einheit unter preußischer Führung; es kennzeichnet seinen Rang, daß er um die Jahrhundertmitte unbestritten die Führung der kleindeutschen Historiker innehatte. Häusser war ein glänzender Lehrer, der in der Zahl seiner Hörer mit Vangerow wetteifern konnte. Ein ausgesprochen „politischer Professor", war er auch praktisch tätig, mehrfach als badischer Landtagsabgeordneter, 1850 als Abgeordneter im Erfurter Unionsparlament. Nach dem Zeugnis eines Zeitgenossen „gleich eifrig auf dem Katheder wie beim Wein wie im Ständesaal (in Karlsruhe)", verzehrte er seine Kräfte und starb schon im Alter von 48 Jahren.

Die Lehrtätigkeit Gervinus' fand auf andere Weise ein vorzeitiges Ende. In liberalen Kreisen berühmt geworden als einer der „Göttinger Sieben" von 1837, war er 1844 in Heidelberg zum Honorarprofessor ernannt worden. Wie Schlosser und Häusser wollte Gervinus sich nicht mit dem bloßen Verstehen des Vergangenen begnügen, sondern die historische Wissenschaft unmittelbar für die Gegenwart nutzbar machen. In der Reaktionszeit nach 1849 kam er darüber zu Fall, als er Ende 1852 die Einleitung zu seiner „Geschichte des 19. Jahrhunderts seit den Wiener Verträgen" publizierte. In ihr legte er seine Überzeugung vom unaufhaltsamen Aufstieg demokratischer Grundsätze im Verlauf der historischen Entwicklung dar. „Die Emanzipation aller Gedrückten und Leidenden ist der Ruf des Jahrhunderts." Die badische Regierung strengte gegen ihn einen Hochverratsprozeß an; zwar wurde Gervinus freigesprochen, aber er verlor die Lehrerlaubnis. In der Folgezeit widmete er sich der Ausarbeitung seiner „Geschichte des 19. Jahrhunderts", von der bis 1866 8 Bände erschienen. Anders als Häusser wandte er sich von der kleindeutschen Politik ab und lehnte, in isolierter Verbitterung von seinen früheren Gesinnungsgenossen getrennt, die Bismarcksche Reichsgründung ab.

Zur Philosophischen Fakultät gehörten auch die Naturwissenschaften. Neben einem bereits bestehenden Lehrstuhl für Botanik wurde 1837 ein Lehrstuhl für Zoologie und Paläontologie geschaffen und damit dieses Fach von der Anatomie abgetrennt. Heinrich Georg Bronn (1800–1862) wurde als erster Zoologe berufen, nachdem er schon mehrere Jahre als Privatdozent in Heidelberg tätig gewesen war. Bronn ist der Begründer des monumentalen Werkes „Klassen und Ordnungen des Tierreichs", an dem bis in die Gegenwart gearbeitet wird; außerdem war er einer der Wegbereiter der Abstammungslehre in der Paläontologie.

Regenerationsbedürftig war in den vierziger Jahren auch die Medizinische Fakultät geworden. Sie wurde 1844 durch zwei Berufungen verjüngt. Aus Zürich kamen Karl (von) Pfeufer (1806–1869) als zweiter klinischer Lehrer und Pathologe neben dem altgewordenen Puchelt und Jakob Henle (1809–1885) für Anatomie und Physiologie neben Tiedemann. Drastisch und polemisch übertreibend schilderte Henle seine ersten Heidelberger Eindrücke: „Unter diesen alten Scharteken von Universitätszöpfen (gemeint waren seine Kollegen in der Medizin) heimisch zu werden, wäre, wie Pfeufer und ich uns sagen, eine Degradation. Hier bleibt nichts übrig, als das Alte welken zu lassen und eine neue Kolonie zu gründen. ... Die Regierung ... ist erstaunt, wie die Fakultät Heidelbergs Ruf und herrliche Lage benutzt hat, um sich in behaglicher Ruhe zu mästen und gegen Eindringlinge abzuschließen. Alles, außer den Wohnungen, Landhäusern und Weinbergen der alten Herren, ist in einem erbärmlichen Zustand." Pfeufer und Henle vertraten die von ihnen erfundene „rationelle Pathologie", mit der sie die Physiologie zur Grundlage der Medizin erhoben. Pfeufer wirkte vor allem als Praktiker; dabei hatte er sofort so großen Erfolg, daß Puchelt fast alle seine Hörer verlor. Henle, einer der bedeutendsten Anatomen des 19. Jahrhunderts, besaß demgegenüber die größere wissenschaftliche Begabung und wagte sich nach dem Zeugnis seines Schülers Kußmaul „ohne Scheu an die höchsten Probleme der medizinischen Wissenschaft". Attraktiv war insbesondere sein Kolleg über Anthropologie. Gottfried Keller, der es besuchte, verwertete seine Eindrücke davon später im „Grünen Heinrich" (4. Teil, 1. Kap.). Politisch gehörten Pfeufer und Henle zu den Liberalen und verstärkten die Gruppe um Häusser und Gervinus. Zur gleichen Gruppe zählte auch der Physiker Philipp Jolly (1809–1884). Wie Häusser war er am Ort aufgestiegen, hatte sich für Mathematik, Physik und Technologie habilitiert und war nach langem Warten 1846 Ordinarius für Physik geworden. Für seine Experimentalvorlesungen richtete Jolly das erste physikalische Laboratorium in Heidelberg ein; seine große Zeit kam allerdings erst in München, wohin er 1854 berufen wurde.

Politische Spannungen hatte es unter den Professoren schon vor 1848 gegeben, vor allem, seit Anfang der vierziger Jahre Heidelberg das Freiburg Rottecks und Welckers als Vorort des badischen Kammerliberalismus abgelöst hatte. Die Auseinandersetzungen verstärkten sich dann je nach Stellung der Professoren zu den revolutionären Ereignissen von 1848/49. Schon 1847 war die „Deutsche Zeitung" von Gervinus gegründet worden, zu deren Mitarbeitern und Redakteuren Mittermaier und Häusser zählten; sie wurde als „Heidelberger Professorenzeitung" rasch zum Hauptorgan der Liberalen und suchte den Mittelweg zwischen radikalen und reaktionär-restaurativen Kräften. Nach Ausbruch der Februarrevolution in Paris richtete der Große Senat der Universität schon am 29. Februar und 1. März Petitionen an Großherzog Leopold und die Erste Kammer, in denen unter Hinweis auf die durch die französischen Vorgänge „bedrohte Lage des Vaterlandes" innenpolitische Reformen verlangt wurden, um die Verteidigungsbereitschaft der Bürger zu stärken. Gefordert wurden neben allgemeiner Bewaffnung Pressefreiheit, Schwurgerichtsbarkeit und Maßnahmen, die „dem deutschen Volke eine geregelte Mitwirkung zu der Behandlung der gemeinsamen nationalen Angelegenheiten möglich" machten. Der weitere Verlauf der politischen Ereignisse führte dann zu so starken Differenzen unter den Professoren, daß es nach einem Bericht des Kurators nicht einmal mehr möglich war, die Direktoren der Kliniken zu einer Dienstbesprechung über laufende Geschäfte zusammenzubringen.

Zu Unruhen kam es, als die Regierung im Juli 1848 den kurz zuvor von 20–25 Interessenten gegründeten „Demokratischen Studentenverein" verbot, da er für die republikanische Staatsform eintrat. Daraufhin verließen über 350 Studenten – mehr als zwei Drittel aller Immatrikulierten – die Stadt und zogen hinter einer schwarz-rot-goldenen Fahne nach Neustadt an der Weinstraße. Allerdings kehrten sie schon nach wenigen Tagen zurück. Universitätsbehörden und Regierung waren klug genug, auf eine Untersuchung zu verzichten, um nicht „eine abermalige bedenkliche Aufregung unter den Studierenden und wahrscheinlich sogar einen neuen Auszug" hervorzurufen. Während der badischen Revolution 1849 beteiligte sich ein Teil der Heidelberger Studenten in der „Studentenlegion" und in anderen Freischaren am Kampf um die Anerkennung der Reichsverfassung; 37 Studenten wurden anschließend relegiert.

In der Frankfurter Nationalversammlung saßen 5 Heidelberger Professoren. Zur konstitutionellen Richtung zählten Mittermaier und Mohl, der sogar Reichsjustizminister wurde, sowie Gervinus. Der Linken schlossen sich der 1844 aus der Universität ausgeschiedene Philosoph Christian Kapp und der außerordentliche Professor für Geschichte Karl Hagen an, der im Wahlkreis Heidelberg gewählt worden war. Hagen trat auch publizistisch für die Republik ein und veröffentlichte schon im März 1848 in 3 Heften einen „Politischen Katechismus für das freie Volk". Während Kapp mit Friedrich Hecker die Paulskirche verließ und sich auf seinen Heidelberger Landsitz zurückzog, blieb Hagen in der Nationalversammlung bis zur Auflösung des Rumpfparlaments. Er war denn auch das einzige Opfer, das die Universität nach der Revolution bringen mußte – im September 1849 wurde er aus dem badischen Staatsdienst entlassen.

Ende 1848 erregte Gervinus Aufsehen und Verärgerung unter seinen Kollegen mit anonymen Artikeln in der „Deutschen Zeitung", in denen er die Zustände an der Heidelberger Universität und verschiedene Professoren scharf kritisierte und „für saubere Verhältnisse, für energische Handhabung guter Ordnung und guter Sitte, für verjüngte Wissenschaft" eintrat. Die Universität müsse sich „der Zeit und ihren Einflüssen beugen wie alles Andere". Durch die persönlichen Angriffe vertiefte sich die Spaltung unter den Professoren. Sie klang erst Mitte der fünfziger Jahre ab, als die Gruppe der „Gothaer" unter der geistigen Führung Häussers eindeutig die Oberhand gewann.

Die eigentliche Reaktionszeit dauerte, wie überall in Baden, verhältnismäßig kurz und war ziemlich milde. Allerdings fällt in diese Jahre außer dem Hochverratsprozeß gegen Gervinus auch das auf Antrag des Oberkirchenrats gegen den Philosophiedozenten Kuno Fischer eingeleitete Verfahren wegen angeblich pantheistischer und spinozistischer Gesinnung. Gegen den Einspruch der Philosophischen und Theologischen Fakultät und des Senats entzog die Regierung Fischer 1853 die Lehrerlaubnis und entließ ihn – im übrigen zum Vergnügen Schopenhauers: „Das Ministerium in Baden hat recht getan, dem Menschen das Handwerk zu legen." Dasselbe Verfahren wurde ein Jahr später gegen den medizinischen Privatdozenten Jakob Moleschott angewendet, der als Vertreter materialistischer Anschauungen anrüchig geworden war; im Gegensatz zu Fischer intervenierte die zuständige Medizinische Fakultät nicht – gegen den Vorschlag ihres Dekans Hasse.

Auch in ihrer Berufungspolitik betrieb die Regierung eine Schwächung des liberalen Elements unter den Heidelberger Professoren. Als Pfeufer und Henle 1852 nach München bzw. Göttingen berufen wurden, versuchte Karlsruhe nicht, sie zu halten. Auch Jolly ließ sie 1854 als Gesinnungsgenossen der Liberalen ziehen, ohne ihn zum Bleiben zu bewegen; selbst auf Häusser hätte sie verzichtet, als dieser 1856 einen Ruf nach Erlangen bekam, wenn nicht der Prinzregent Friedrich, Häussers Schüler, ihn gehalten hätte.

Wie die politischen Zustände sind in der Revolution 1848/49 auch die Verfassungsordnungen der Universität in Frage gestellt worden. Seit der Reorganisation zu Beginn des 19. Jahrhunderts wurde die Selbstverwaltung ausgeübt durch den Prorektor und den Engeren Senat, der aus Prorektor, vorherigem Prorektor und je einem Mitglied der 4 Fakultäten bestand. Dauerrektor war der Großherzog. Der Große Senat, das Gremium aller ordentlichen Professoren, hatte im wesentlichen nur die Funktion, jährlich den Prorektor zu wählen, genauer: ihn vorzuschlagen, denn bei jeder Wahl wurden die 3 Professoren mit der größten Stimmenzahl nach Karlsruhe gemeldet; der Großherzog bestimmte den Prorektor, folgte dabei aber üblicherweise dem Erstvotum des Senats.

Bei den Reformbemühungen 1848/49 ging es vor allem um eine Kompetenzerweiterung des Großen Senats im Sinne einer Demokratisierung der Selbstverwaltung und um eine Verbesserung der Rechtsstellung der Nichtordinarien. Erfolg hatten die Pläne aber nicht. Als dann in den sechziger Jahren die Reform der Universitätsverfassung wieder aufgenommen wurde, blieb bezeichnenderweise das Problem der Nichtordinarien von vornherein ausgeklammert. Die Umgestaltung vollzog sich in 3 Etappen. 1862 genehmigte das Ministerium die Wahl des Prorektors durch den Großen Senat direkt – der Landesherr behielt sich nur das Bestätigungsrecht vor. Außerdem wurde der Engere Senat umgestaltet; neben dem Prorektor und seinem Vorgänger gehörten ihm jetzt die Dekane der Fakultäten und 2 vom Großen Senat gewählte Professoren an. 3 Jahre später wurde die Zuständigkeit des Großen Senats auf die „Feststellung neuer Normen", d.h. allgemeine Hochschulangelegenheiten, und auf die Genehmigung neuer Dauereinrichtungen, wie Lehrstühle, Institute und Fakultäten erweitert. 1868 schließlich hob die Regierung den privilegierten Gerichtsstand der Studenten auf. Der akademischen Gerichtsbarkeit blieb nur noch die Ahndung von Disziplinarvergehen mit Karzerstrafe und Androhung oder Vollzug des Ausschlusses von der Universität. Sonst aber waren die Studenten seither „den allgemeinen Landesgesetzen unterworfen". Die Stellung der Nichtordinarien blieb trotz mancher Anträge unverändert, obwohl ihre Zahl in der zweiten Hälfte des Jahrhunderts stark zunahm: 1860 gab es bei 27 Ordinarien etwa 45 außerordentliche und Honorarprofessoren sowie Privatdozenten; bis 1909 hatte sich ihre Zahl auf etwa 110 erhöht bei nunmehr 47 Ordinarien. Erst 1911 wurde der Rechtsstatus wenigstens der etatmäßigen außerordentlichen Professoren, die ein eigenes, von keinem Ordinarius mitvertretenes Spezialfach lehrten, verbessert. In Angelegenheiten ihres Faches besaßen sie seither Sitz und Stimme in der Fakultät, außerdem durften sie an der Wahl des Prorektors teilnehmen.

Das politische Klima Heidelbergs wurde auch nach der Revolution von den Liberalen bestimmt. Mit Heinrich von Gagern, dem Präsidenten der Paulskirche und zeitweiligem Reichsministerpräsidenten, und Wilhelm Beseler, dem ehemaligen Statthalter von Schleswig-Holstein, ließen sich führende Vertreter der erbkaiserlichen Partei hier nieder, nachdem Karl Theodor Welcker sich nach seiner Amtsenthebung in Freiburg schon Anfang der vierziger Jahre in Heidelberg angesiedelt hatte. 1854 kam Christian Karl Josias von Bunsen hinzu, der einflußreiche Vertraute Friedrich Wilhelms IV. von Preußen, dessen Villa – für Heidelberg ein ganz neues Erlebnis – „im kleinen ein Weimarer oder mediceischer Musenhof, zeitweise von internationalem Charakter" war (G. Weber). Unter den Professoren bestand eine durch das Ansehen ihrer Anhänger bedeutende liberale Partei, zu der Häusser und Gervinus, Vangerow, Pfeufer und Henle, Jolly und Bunsen, später Kirchhoff, Helmholtz und Treitschke gehörten. Wie im 16. Jahrhundert als Hochburg des Calvinismus, gewann Heidelberg in den Jahrzehnten vor der Reichsgründung als Hochburg des Liberalismus eine über die Forschung und Lehre weit hinausreichende Ausstrahlungskraft – die Universität wurde zur Hauptträgerin des kleindeutsch orientierten Einheitsgedankens in Südwestdeutschland und stand in dieser politischen Prägung neben Berlin einzigartig in Deutschland. Nach 1871 verlor sie diese spezifisch nationale Rolle dann allerdings an die neubegründete Universität Straßburg.

Der wissenschaftliche Ruf Heidelbergs blieb in den fünfziger und sechziger Jahren des 19. Jahrhunderts vor allem durch die berühmten Naturwissenschaftler erhalten. Bunsen, Kirchhoff und Helmholtz machten Heidelberg zum Zentrum der naturwissenschaftlichen Forschung in Deutschland. Auch die äußeren Gegebenheiten dafür besserten sich. Der 1862/63 an der Stelle des alten Dominikanerklosters errichtete „Friedrichsbau" vereinigte die Institute für Physik, Mineralogie, Mathematik, Technologie und Physiologie, während das chemische Institut schon 1855 ein neues, aufs modernste ausgestattetes Gebäude in der Akademiestraße erhalten hatte.

Bei der Berufung von Robert Wilhelm Bunsen (1811–1899) wurde 1852 das Ordinariat Gmelins geteilt. Bunsen kam in die Philosophische Fakultät, während in der Medizinischen Fakultät ein neuer Lehrstuhl eingerichtet wurde, aus dem später das Institut für Pharmakologie hervorging. Bunsen war bei großer Bescheidenheit eine eindrucksvolle Persönlichkeit; selbst Mohl, vor dessen kritischem Auge wenige seiner Heidelberger Kollegen bestehen konnten, rühmte von ihm: „Es ist unmöglich, eine ehrenwertere und liebenswürdigere Persönlichkeit zu sehen..., ein echter Gentleman in Gesinnung und Handlungen." Mit ihm kam ein bereits weithin bekannter Gelehrter nach Heidelberg, ein experimenteller Forscher, dessen Interesse an der praktischen Verwertbarkeit wissenschaftlicher Erkenntnisse zahlreiche nützliche Hilfsmittel für den Laborbetrieb zu verdanken sind. Das bekannteste davon ist der 1855 erfundene „Bunsenbrenner", mit dem zugleich der Grundstein für die Gasheiztechnik gelegt wurde. Bunsen lehrte vor allem anorganische Chemie und überließ die organische jüngeren Kollegen mit oft primitiven Privatlaboratorien, so Kekulé, Kopp, Ladenburg und Bernthsen. Als Nachfolger Jollys holte er Gustav Robert Kirchhoff (1824–1887, in Heidelberg 1854–1875) nach Heidelberg, den er aus seiner Breslauer Zeit kannte. Frucht ihrer gemeinsamen Arbeit war die Entdeckung der Spektralanalyse, über die Kirchhoff erstmals 1859 der Berliner Akademie berichtete: „Bei Gelegenheit einer von Bunsen und mir in Gemeinschaft ausgeführten Untersuchung über die Spektren farbiger Flammen, durch welche es uns möglich geworden ist, die qualitative Zusammensetzung komplizierter Gemenge aus dem Anblick des Spektrums ihrer Lötrohrflamme zu erkennen, habe ich einige Beobachtungen gemacht, welche einen unerwarteten Aufschluß über den Ursprung der Fraunhoferschen Linien geben und zu Schlüssen berechtigen von diesen auf die stoffliche Beschaffenheit der Atmosphäre der Sonne und vielleicht auch der helleren Fixsterne." Damit waren gleich auch die Konsequenzen dieser neuen und verläßlicheren chemischen Analyse benannt. Die Spektralanalyse verhalf Bunsen und Kirchhoff auch zur Entdeckung der beiden Elemente Caesium und Rubidium.

Die naturwissenschaftliche Dimension Heidelbergs erweiterte sich noch mit der auf Veranlassung Bunsens erfolgten Berufung von Hermann (von) Helmholtz (1821–1894, 1858–1871 in Heidelberg), für den ein selbständiges Physiologisches Institut begründet wurde – bisher war diese Disziplin mit der Anatomie verbunden. Helmholtz war Mediziner, Physiker und Mathematiker in einer Person; in Heidelberg vollzog sich seine Hinwendung zur Physik und zu Problemen der Hydro- und Elektrodynamik. Seine wissenschaftlichen Publikationen beschäftigen sich in dieser Zeit vor allem mit physiologischen Problemen von Optik und Akustik; so entstanden die „Lehre von den Tonempfindungen" und das „Handbuch der physiologischen Optik" in Heidelberg. Neben ihm und zeitweise als sein Assistent wirkte Wilhelm Wundt (1832–1920, seit 1857 in Heidelberg) als Dozent, den in seiner Heidelberger Zeit vor allem Fragen im Grenzgebiet von Philosophie und Physiologie interessierten. Ein 1856 auf Initiative des Mediziners Adolf Kußmaul (1822–1902) gegründeter „Naturhistorisch-Medizinischer Verein" versammelte alle zwei Wochen jüngere Wissenschaftler zur „Förderung der gesamten Naturwissenschaft und Medizin und zur Mitteilung eigener und neuer fremder Forschungen in den verschiedenen Zweigen der genannten Wissenschaften" (§ 1 der Statuten). Helmholtz, Kirchhoff und Bunsen haben hier vorgetragen, später alle bedeutenden Heidelberger Mediziner und Naturwissenschaftler, so daß dieser Verein einen nicht unbedeutenden Beitrag zur Blüte der Wissenschaften in Heidelberg leistete.

Allerdings dauerte die große Zeit der Heidelberger Naturwissenschaft nicht lange. Helmholtz ging 1871 an Berlin verloren, nachdem Kirchhoff einen Ruf dorthin abgelehnt hatte; 1875 kam dieser dann aber auch nach Berlin. Nur Bunsen blieb in Heidelberg und erweiterte seine Wissenschaft durch immer neue Teildisziplinen. Als er sich 1889 pensionieren ließ, wurde auf seinen Wunsch Victor Meyer (1840–1897) sein Nachfolger, der organische Chemie vertrat und seine Forschungen vielen Themen und Gebieten widmete. Mit Meyer gewann die Heidelberger Chemie Anschluß an die chemische Großindustrie im Raum Mannheim-Ludwigshafen.

Auch in den anderen Fakultäten fehlte es nicht an bedeutenden Gelehrten und attraktiven Lehrern. Bis gegen Ende der sechziger Jahre wirkten Rothe, Häusser, Mittermaier und Vangerow, während Chelius 1864 pensioniert wurde. Sein zweiter Nachfolger Gustav Simon (1824–1876, seit 1867 in Heidelberg) führte die Heidelberger Chirurgie mit bedeutenden gynäkologischen und urologischen Operationen auf eine neue Höhe; zum erstenmal entfernte er eine Niere, nachdem er im Tierexperiment festgestellt hatte, daß deren Funktionen durch die verbleibende Niere übernommen werden konnten. Henles Nachfolger in der Anatomie wurde der Tiedemann-Schüler Friedrich Arnold (1803–1890, seit 1852 in Heidelberg), der bahnbrechende Arbeiten zum Nervensystem verfaßte. Nikolaus Friedreich (1825–1882) ersetzte seit 1858 in der Inneren Medizin Pfeufer und Puchelt; er arbeitete vor allem auf dem Gebiet der Nervenkrankheiten und war als Arzt weithin gesucht.

Trotz dieser Berühmtheiten kam es aber in der Medizinischen Fakultät zu einer Frequenzkrise – 1865 waren nur 43 Medizinstudenten eingeschrieben, und die Zahl stieg nur allmählich an; erst 1885 gab es über 250 Medizinstudenten. Der neue Zustrom erklärt sich aus der Verjüngung des Lehrkörpers und durch die Klinikneubauten. Carl Gegenbaur (1826−1903, seit 1873 in Heidelberg), dessen Hauptforschungsgebiet die vergleichende Anatomie war, löste Arnold ab, Wilhelm Erb (1840−1921, seit 1883 in Heidelberg) seinen Lehrer Friedreich. Auch Erbs wissenschaftlicher Schwerpunkt lag in der Neurologie; ihm gelangen zahlreiche neue Entdeckungen, so der Kniesehnenreflex. Gynäkologie und Geburtshilfe lehrte als Nachfolger des wenig bedeutenden Wilhelm Lange (1813−1881, seit 1851 in Heidelberg) seit 1881 Ferdinand Adolf Kehrer (1837−1914), der die große Tradition von Mai und Nägele fortführte und die Technik des konventionellen Kaiserschnitts entwickelte; 1881 praktizierte er ihn erstmals unter höchst primitiven Bedingungen in einem Bauernhaus in Meckesheim. An die Stelle Simons trat 1877 der Billroth-Schüler Vinzenz Czerny (1842−1916), der die berühmte Heidelberger Chirurgie weiterführte, bahnbrechend vor allem auf dem Gebiet der Bauchchirurgie. Nach seiner Emeritierung 1906 gründete Czerny ein mit Privatspenden aufgebautes Institut für experimentelle Krebsforschung, den Vorläufer des Deutschen Krebsforschungszentrums. Das Forschungsinstitut mit einer Krankenabteilung (Samariterhaus) mußte gegen den Widerstand der Fakultät durchgesetzt werden, da Chirurg, Gynäkologe und Pharmakologe gegen den Entzug der Patienten als Material für Lehre und Forschung protestierten. Nach Czernys Tod wurde das Samariterhaus als „Czerny-Krankenhaus für Strahlenbehandlung" (so der Name seit 1942) in das Universitätsklinikum übernommen. Seit 1869 entstanden langsam die dringend notwendigen Neubauten des Klinikzentrums an der Bergheimer Straße, in die bis zur Jahrhundertwende nacheinander nahezu alle Universitätskliniken sowie das Pathologisch-Anatomische und das Hygiene-Institut verlegt wurden.

Von einer ähnlichen Frequenzkrise wie die Medizin war seit Ende der sechziger Jahre die Theologische Fakultät betroffen. Hatten 1863 noch 110 Theologen in Heidelberg studiert, so sank ihre Zahl seither kontinuierlich bis zum Tiefstand von 9 Studenten im Jahre 1875. Heidelberg galt, anders als etwa Leipzig oder Erlangen, nicht als „positiv", die Fakultät rechnete es sich im Gegenteil als Verdienst an, die Studenten „nicht in ein überliefertes kirchliches System hineinzuzwängen". Die gegen dieses Verhalten erhobenen Vorwürfe liefen darauf hinaus, daß in Heidelberg nur noch „Philosophie mit mehr oder minder destruktiver Kritik der biblischen Geschichte" gelehrt werde und die Studenten „außerordentliche Mühe hätten, an ihrem Glauben festzuhalten". Bei nahezu jeder Besetzung kam es zu Streitigkeiten zwischen der Fakultät und der Landeskirche, die die geschlossene Front der Heidelberger kritischen Theologie gern durch einen positiven Theologen aufgebrochen hätte. Das gelang aber erst 1891 mit der Berufung von Ludwig Lemme (1847−1927) auf den Lehrstuhl, den einst

Rothe innegehabt hatte. Anders als dieser zeichnete sich Lemme durch Unverträglichkeit und Unkollegialität aus. Nach dem Eindruck seines jüngeren Fakultätskollegen Troeltsch besaß er „ein großes Reformatorenbewußtsein und hält sich für den Retter Gottes in Baden". Die Kirchengeschichte vertrat jahrzehntelang der liberale Adolf Hausrath (1837–1909, seit 1867 in Heidelberg), der sich durch seine „Neutestamentliche Zeitgeschichte" und durch biographische Werke über Luther und Rothe einen Namen gemacht hat. Auf den neugeschaffenen besonderen Lehrstuhl für Neues Testament wurde als erster Heinrich Julius Holtzmann (1832–1910, 1865–1874 in Heidelberg) berufen, der mit Arbeiten zu den Synoptikern und zur Theologie des Neuen Testaments die Grundlagen für die neutestamentliche Forschung der Folgezeit legte.

Die Frequenz der Juristischen Fakultät blieb verhältnismäßig stetig – auch in der Tendenz der Studenten, Heidelberg nur als „Sommeruniversität" zu besuchen, so daß die juristischen Immatrikulationen im Winter stets beträchtlich absanken; im Extremfall betrug die Differenz zwischen Sommer und Winter fast 300. Unter den damals Neuberufenen ragt Johann Kaspar Bluntschli (1808–1881) hervor, der 1861 für Öffentliches Recht nach Heidelberg kam. Bluntschli war ein fleißiger Schriftsteller und Lehrer. Seine dreibändige „Lehre vom modernen Staat" und ein von ihm herausgegebenes „Deutsches Staatswörterbuch" waren kennzeichnend und prägend für die Staatsauffassung des gemäßigten Liberalismus. Auch die erste moderne systematische Darstellung des Völkerrechts stammt von ihm. Wie sein Vorgänger Mohl betätigte sich Bluntschli mit Eifer in der praktischen Politik und in allen möglichen Vereinigungen. Schon mit seiner Berufung nach Heidelberg war die Ernennung zum Mitglied der Ersten Kammer des Badischen Landtags verbunden, mehrfach war er Ministerkandidat oder wünschte doch, es zu sein. Für den Handelsrechtslehrer Levin Goldschmidt (1829–1897, 1855 in Heidelberg habilitiert) wurde 1866 nach der badischen Judenemanzipation ein Lehrstuhl eingerichtet, nachdem die Fakultät noch 1860 gegen seine Ernennung eingewendet hatte, daß durch ihn Massen jüdischer Studenten nach Heidelberg gezogen würden, was unerwünscht sei. Er folgte dann aber bereits 1870 einem Ruf an das Oberhandelsgericht in Leipzig.

In die Philosophische Fakultät trat 1862 Eduard Zeller (1814–1908, 1862–1872 in Heidelberg) ein; er lehrte Philosophie vornehmlich als Geschichte der griechischen Philosophie und war der erste namhafte Vertreter seines Faches in Heidelberg seit Hegel. Nachfolger Häussers wurde Heinrich von Treitschke (1834–1896, 1867–1874 in Heidelberg), der wie sein Vorgänger Geschichte als politische Erziehung betrieb und mit Vehemenz und enthusiastischem Patriotismus auch in

Heidelberg die nationalliberale preußische Fahne schwang. Sein Nachfolger Bernhard Erdmannsdörffer (1833–1901, seit 1874 in Heidelberg) zog sich von dieser Umsetzung historischer Forschung in politische Publizistik und Tagesaktualität dann ganz zurück. Seit 1862 war die Vertretung der Geschichte geteilt; damals wurde ein eigener Lehrstuhl für Mittelalterliche Geschichte und geschichtliche Hilfswissenschaften eingerichtet. Sein erster Inhaber war Wilhelm Wattenbach (1819–1897, 1862–1873 in Heidelberg), dessen in Heidelberg entstandene „Geschichte des Schriftwesens im Mittelalter" bis heute unersetzt ist. Ihm folgte der Herausgeber des „Urkundenbuches der Universität Heidelberg" Eduard Winkelmann (1838–1896, seit 1873 in Heidelberg). Seit 1852 verfügte die Fakultät mit Adolf Karl Holtzmann (1810–1870) über den ersten Ordinarius für Neuphilologie, nachdem zuvor Karl August Hahn (1807–1857, 1840–1849 in Heidelberg) als Privatdozent und Extraordinarius alt- und mittelhochdeutsche Literatur betrieben hatte. Holtzmann las neben deutscher Literaturgeschichte und Grammatik auch über Sanskrit. Sein Nachfolger wurde Karl Friedrich Bartsch (1832–1888), der 1871 zum ordentlichen Professor für germanische und altromanische, insbesondere altfranzösische Sprache und Literatur ernannt wurde und damit gleichfalls das ganze neuphilologische Gebiet abzudecken hatte. Schüler Bartschs waren Otto Behaghel (1854–1936, 1878–1883 in Heidelberg) und Gustav Ehrismann (1855–1941, 1897–1909 in Heidelberg), die beide als Privatdozenten in Heidelberg lehrten.

Im übrigen waren die Anstrengungen für die Lehre – mindestens in der Philosophischen Fakultät – offenbar nicht übermäßig groß, wenn Treitschke Recht hat mit seiner Bemerkung: „Die meisten Kollegen haben hier einen einjährigen Kursus, da unsere Studenten selten länger als zwei Semester bleiben." Allerdings lasen die Ordinarien im Durchschnitt 8–12 Stunden in der Woche, Juristen, Mediziner und Naturwissenschaftler zumeist noch mehr.

Mit Kuno Fischer (1824–1907, seit 1872 in Heidelberg) als Nachfolger Zellers gewann die Karlsruher Regierung einen Gelehrten zurück, den sie 20 Jahre zuvor durch Entzug der Lehrbefugnis vertrieben hatte. Er wurde zum Mittelpunkt der Philosophischen Fakultät und darüber hinaus der gesamten Universität. Fischers Vorlesungen waren in Heidelberg nicht nur attraktiv für Hörer aller Fakultäten, sondern jahrzehntelang ein gesellschaftliches Ereignis schlechthin. Jaspers beschrieb seinen Eindruck von Fischer, den er als Student 1901 erlebte: „Er sprach ohne Manuskript, bis in jede Nuance vorbereitet, bis in die Gebärde abgestimmt, einen Schlüssel zwischen den Fingern bewegend. Die Diktion war spannend, kein Satz verfehlt." An der Berufskrankheit der Gelehrten, der Eitelkeit, litt Fischer in sehr hohem Grade. „Er ist nämlich von einer beispiellosen Riesenfreude an sich selber, die auf jeden, der es noch nicht weiß, einfach verblüffend wirkt", berichtet ein Heidelberger Student um die Jahrhundertwende. Allerdings konnte Fischer auch mit berechtigtem Stolz auf ein umfangreiches wissenschaftliches Oeuvre blicken, vor allem zur Philosophiegeschichte, daneben zur Logik und Ästhetik sowie zur Literaturgeschichte. Heute ist er fast vergessen; er war Repräsentant seiner Zeit und „vertrat die immer substanzloser werdende deutsche Bildungswelt, die sich gegen Realismus und Positivismus noch behauptete" (Jaspers).

In eine schwere Krise geriet die Universität 1871 – nicht durch die politischen Ereignisse, sondern durch einen Streit unter den Professoren, der sie auf Jahre hin in zwei sich heftig bekämpfende Lager spaltete. Der Anlaß war eher belanglos; es ging um die Stellung der Bau- und Ökonomiekommission, die, mit unmittelbarem Berichtsrecht an das Ministerium ausgestattet, die oberste Instanz für alle Finanz- und Baufragen der Universität darstellte. Als der Staatswissenschaftler Karl Knies während seines Prorektorats 1871 den ihm nach der Universitätssatzung zustehenden Vorsitz beanspruchte, den seine Vorgänger zugunsten des Kommissionsdirektors nicht wahrgenommen hatten, kam es zum Zerwürfnis mit dem streitbaren Theologen Schenkel als Direktor. Nach dem Berliner Witzblatt „Kladderadatsch" ging es um die Frage, ob der Schenkel oberhalb oder unterhalb des Knies seinen Sitz habe. Die Auseinandersetzungen wurden mit Eifer im Großen und im Engeren Senat fortgeführt, vor allem, nachdem das Ministerium seine Absicht zu erkennen gegeben hatte, die Kommission überhaupt aufzulösen und ihre Befugnisse dem Engeren Senat zu übertragen. Die Mehrheit in den akademischen Gremien, vor allem die Naturwissenschaftler, sprach sich für die Beibehaltung und Unabhängigkeit der Kommission aus; die Minderheit um Knies, Bluntschli, Treitschke und Hausrath trat für die Abschaffung ein und warf der Kommission vor, immer einseitig die finanziellen Forderungen der Mediziner und Naturwissenschaftler zu erfüllen und demgegenüber die Geisteswissenschaftler zu benachteiligen. Trotz des Protests der Senatsmehrheit, die sich als Verteidigerin der Selbstverwaltung gegen ministeriellen Absolutismus verstand, wurde die Kommission zum Jahresbeginn 1872 aufgehoben. Damit war der Streitgegenstand beseitigt, nicht aber der Streit unter den Professoren aus der Welt geschafft. Mit ihm verbanden sich jetzt vielmehr persönliche Animositäten und politische Differenzen. Die Minderheit bestand aus kleindeutsch Gesinnten und galt als „Preußenfreunde", die Mehrheit rächte sich, indem sie einen der Ihren, den Juristen Achille Renaud, 1872 zum Prorektor und Zeller statt Bluntschli als Universitätsvertreter in die Erste Kammer wählte. Der Streit zog sich jahrelang hin; in gewohnt starken

Worten sprach Treitschke noch 1874 davon, daß „die elenden kollegialischen Verhältnisse... allmählich zu einem deutschen Skandal werden und Frequenz und Ruf der Universität zu schädigen drohen". In der Tat verlor Heidelberg in den Jahren nach 1871 zahlreiche berühmte Professoren, die, der Streitigkeiten müde und zumeist durch die starke Anziehungskraft Berlins als der Hauptstadt des neuen Reiches gewonnen, abwanderten: 1872 der Philosoph Zeller und der Botaniker Wilhelm Hofmeister, 1874 die Juristen Hermann und Windscheid, der Theologe Holtzmann, die Historiker Treitschke und Wattenbach, 1875 Kirchhoff und der Mathematiker Koenigsberger. Es war ein Aderlaß wie in der Reaktionszeit nach 1850. Entsprechend sank die Zahl der Immatrikulationen; erst seit 1877 wuchs sie langsam wieder an.

Der Rückgang der Studentenzahl in den siebziger Jahren ist aber – wie der Heidelberger Professorenstreit – insgesamt ein vorübergehendes Ereignis gewesen. Im übrigen hat Heidelberg wie nahezu alle deutschen Universitäten in der zweiten Hälfte des 19. Jahrhunderts einen fast kontinuierlich wachsenden Zustrom von Studierenden zu verzeichnen: 1900 waren über 1500 Studenten eingetragen, 1914 gar 2668 – gegenüber 520 im Jahre 1850 und 725 im Jahre 1875. Zwar wurde Heidelberg seit 1884/85 in der Frequenz von Freiburg überflügelt, zeichnete sich aber vor allen deutschen Universitäten durch einen überdurchschnittlich hohen Ausländeranteil aus; er betrug zeitweise bis zu 15% aller Studenten. Nach 1850 kamen vor allem Russen nach Heidelberg; viele von ihnen wurden zur Vorbereitung für eine Professur in ihrem Heimatland als Staatsstipendiaten geschickt. Ende 1862 wurde in Heidelberg eine russische Lesehalle begründet, die bis zum Ersten Weltkrieg existierte. Allerdings war das Studium der Ausländer nicht unangefochten; so beschwerte sich 1901 die Heidelberger Klinikerschaft beim Engeren Senat über ein angeblich unstudentisches Benehmen der russischen Studenten, die zudem mangelhaft vorgebildet und teilweise der deutschen Sprache nicht mächtig seien. Weibliche Studierende ließ als erste die Naturwissenschaftlich-mathematische Fakultät 1891 zu; 1900 wurde dann in Baden das Frauenstudium generell erlaubt. 1914 waren in Heidelberg bereits 10% aller Immatrikulierten Frauen, vor allem in der Medizin und in den für eine Lehrerkarriere geeigneten Fächern.

Mit den Studentenzahlen stieg auch der Personalbestand des Lehrkörpers. Hier wird nun ein weiteres Kennzeichen der deutschen Universitätsentwicklung in der zweiten Hälfte des 19. Jahrhunderts wichtig: der rapide Zuwachs an wissenschaftlichen Erkenntnissen, verbunden mit der Anwendung neuer und vielfältig spezialisierter Forschungsmethoden. Herausgefordert wurde durch diese Entwicklung nicht zuletzt die finanzielle Kraft des Staates. Von allen Ländern des Deutschen Reiches hat Baden bis 1914 im Verhältnis zu Gesamtetat, Volkseinkommen und Bevölkerungszahl weitaus am meisten Geld für die Wissenschaft aufgebracht. Zum Vergleich: 1890–1900 wurden in Preußen jährlich pro Kopf der Bevölkerung 0,60 RM (=1,0% des Jahresetats) für Wissenschaft ausgegeben, in Baden aber 1,53 RM (=4,3% des Etats).

Verstärkte Aufwendungen waren vor allem für neue Universitätseinrichtungen, Seminare und Institute erforderlich. Bis in die sechziger Jahre gab es nur 2 Seminare, die von 1838 bzw. aus der Anfangszeit der reorganisierten Universität stammten; das Theologische und das Philologische Seminar (für Klassische Philologie). In beide Seminare wurde nur eine beschränkte Zahl von ordentlichen Mitgliedern aufgenommen, die am Semesterende mit Stipendien bedacht wurden – noch 1886 betrug dieses Stipendium im Theologischen Seminar zwischen 150 und 300 RM, im Philologischen Seminar immerhin 70 RM. Diese Seminare wurden in den sechziger Jahren durch die Regierung ohne Mitwirkung der Universität neu organisiert, um sie für die Lehrerausbildung, die damals reformiert wurde, besser zu nutzen. Allerdings war die Absicht, über die Seminare die Studenten frühzeitig mit Praxis und Fachdidaktik bekanntzumachen, nur halb erfolgreich, da die Seminare bestrebt waren, sich zu verwissenschaftlichen. Von praktischen Übungen etwa ist im 1886 geltenden Statut des Philologischen Seminars keine Rede mehr. Aus dem Theologischen Seminar ging 1895 das Wissenschaftlich-Theologische Seminar hervor, neben dem das Praktisch-Theologische Seminar in minder geachteter Stellung übrigblieb.

Das Philologische Seminar wies nach seiner Reorganisation 1865 als erstes die bis heute typischen Kennzeichen eines Seminars/Instituts auf: Eigener Etat, eigene Bibliothek, eigene Räumlichkeiten, Aufnahme- und Abschlußprüfungen, Gliederung der Veranstaltungen in Unter- und Oberseminar. Nach diesem Muster entstanden in der Folgezeit weitere Seminare, so daß sich schließlich Forschung und Lehre fast unabdingbar mit der Existenz einer solchen Einrichtung verbanden. Die Aufgabe der Seminare wurde fast immer unter dem Doppelaspekt von Wissenschaft und Praxis gesehen. So heißt es in einem Statut: „Das Seminar für neuere Sprachen hat den Zweck, das wissenschaftliche und praktische Studium derselben zu fördern, insbesondere die künftigen Lehrer der neueren Sprachen an Gymnasien und Realschulen für ihren Beruf vorzubereiten" (1873); ähnlich auch im Statut für das Mathematisch-Physikalische Seminar, es habe die Aufgabe, „die Studierenden der Mathematik und Physik zu selbständigen und wissenschaftlichen Arbeiten anzuleiten und sie im Vortrage sowie in der schulmäßigen Behandlung wissenschaftlicher Gegenstände aus den genannten Disziplinen zu üben" (Statut von 1869). Für künftige Pfarrer und Lehrer wurde der Besuch der entsprechenden Seminare allmählich zur Pflicht. So notwendig die neue Einrichtung war, um neben den Vorlesungen und Privatveranstaltungen der Professoren die Übungen zu institutionalisieren, bedenklich war, daß der Etat der Seminare zu Lasten der Universitätsbibliothek ausgeworfen wurde; deren Dotationen gingen entsprechend zurück. Das Problem des Verhältnisses von Bücherbestand der Universitätsbibliothek und der Seminarbibliotheken hat bis heute nichts von seiner grundsätzlichen Schärfe eingebüßt.

Das erste neue Seminar war das Archäologische Institut, das Karl Bernhard Stark (1824–1879, in Heidelberg seit 1855) 1866 in Konkurrenz zum reorganisierten Philologischen Seminar begründete; es umfaßte später auch Abteilungen für Alte Geschichte – erst 1928 ein selbständiges Institut geworden – und Neuere Kunstgeschichte – seit 1916 selbständig. Für die naturwissenschaftlichen Fächer entstand 1869 das Mathematisch-Physikalische Seminar – beide Fächer trennten sich 1900 wieder. Bluntschli und Knies riefen 1871 das Staatswissenschaftliche Seminar ins Leben, das die auf die Philosophische und die Juristische Fakultät verteilten Disziplinen vereinigen und einen Ersatz für die in Heidelberg nicht existierende Staatswissenschaftliche Fakultät darstellen sollte. Gerade wegen seiner Stellung zwischen den Fakultäten und auch wegen des Fehlens eigener Räume kam das Seminar aber niemals aus einem Schattendasein heraus und wurde 1911 aufgelöst.

Zukunftsträchtiger erwies sich die Gründung des Seminars für Neuere Sprachen 1873, seit 1878 Germanisch-romanisches Seminar, das sich erst 1923/24 in 3 Seminare für Germanistik, Anglistik und Romanistik aufteilte. Im Gegensatz zum Theologischen und zum Philologischen Seminar wurde im Neusprachlichen Seminar nicht mehr zwischen der durch die verfügbare Geldmenge beschränkten Zahl von ordentlichen Mitgliedern (Stipendiaten) und Teilnehmern oder außerordentlichen Mitgliedern unterschieden. Wie beim Mathematisch-Physikalischen Seminar erhielten jeweils die fleißigsten Mitglieder am Semesterende eine Geldprämie. 1889 wurde das Historische Seminar begründet, wobei aber die Alte Geschichte ausgeklammert und der Archäologie zugeordnet blieb. An weiteren Seminaren entstanden bis zum Ersten Weltkrieg in der Philosophischen Fakultät solche für Orientalistik (1894), Volkswirtschaft (1897), Geographie (1899), Philosophie (1904), Vergleichende Sprachwissenschaft (1909) und Ägyptologie (1910). Zumeist waren sie das Ergebnis von Berufungszusagen.

In der Juristischen Fakultät hatten Bekker, Renaud und Karlowa 1875 das Privatrechtliche Seminar gegründet, bei dem anscheinend zum erstenmal auch eine weisungsgebundene Assistentenstelle bestand. 1890 wurde dieses Seminar auf alle Fächer der Fakultät ausgedehnt. Als Stiftungen kamen 1916 bzw. 1918 das Institut für ausländisches und internationales Privat- und Wirtschaftsrecht sowie das Institut für geschichtliche Rechtswissenschaft hinzu. Im Gegensatz zu den zumeist nur von einem Fachvertreter geleiteten Instituten der Philosophischen Fakultät organisierten die Theologische wie die Juristische Fakultät ihren Lehrbetrieb in Großseminaren mit mehreren Ordinarien als gleichberechtigten Leitern.

Für die Unterbringung der neuen Einrichtungen waren Hausankäufe und Neubauten erforderlich. Kurz nach der Jahrhundertwende erwarb die Universität das traditionsreiche „Museumsgebäude" auf dem Platz der heutigen Neuen Universität und richtete es als „Neues Kollegienhaus" her. Die Universitätsbibliothek, die seit 1829 im ehemaligen Jesuitengymnasium (Augustinergasse 15) untergebracht war, bezog 1905 ihren Neubau an der Plöck; ihre bisherigen Räumlichkeiten wurden zum „Seminarienhaus". Das Juristische Seminar fand Platz in der Alten Universität. Damit waren die geisteswissenschaftlichen Fächer in der Altstadt konzentriert – bei diesem Zustand ist es im wesentlichen bis heute geblieben.

In den Naturwissenschaften wurden bis 1914 kaum neue Institute gegründet, sondern die bestehenden Physikalischen und Chemischen Institute durch Abteilungen vergrößert. Das Physikalische Institut erhielt 1912 den imposanten Neubau am Philosophenweg – damit überschritt die Universität erstmals den Neckar. Das Chemische Institut dehnte sich am alten Ort aus. Nach Bunsens Ausscheiden verdoppelte sich der Institutsetat; sein Nachfolger Meyer brachte einen Mitarbeiterstab von nicht weniger als 8 außerordentlichen Professoren, Privatdozenten und Assistenten mit nach Heidelberg. Bei derartigen Dimensionen mußte der leitende Ordinarius zunehmend zum Wissenschaftsmanager werden, um den ordnungsgemäßen Betrieb zu gewährleisten. Die anderen naturwissenschaftlichen Institute blieben demgegenüber im Zuschnitt äußerst bescheiden. Das Zoologische Institut erhielt aber 1893/94 in der Sofienstraße/Ecke Plöck einen Neubau, nachdem das Botanische Institut mit dem Botanischen Garten schon 1878 am Anfang der Bergheimer Straße angesiedelt worden war. Neugründungen waren das Geologisch-Paläontologische Institut, das 1901 vom Mineralogischen Institut (1863 gegründet) abgespalten wurde, und vor allem die Landessternwarte auf dem Königstuhl (1895–1897 erbaut), die zwar kein Universitätsinstitut war, aber eng mit der Universität verbunden wurde.

Eine höchst zweifelhafte und kuriose Bereicherung stellte die Verlegung der Landwirtschaftlichen Fachschule von der Technischen Hochschule Karlsruhe an die Universität Heidelberg im Jahre 1872 dar. Der Hauptgrund für diese Aktion lag im Bemühen des badischen Agrarverbandes, die Landwirtschaftslehre wissenschaftlich aufzuwerten. Das Unternehmen mißlang kläglich – weder die Qualifikation des Lehrpersonals noch die Sachausstattung reichten hin, um Heidelberg für Landwirtschaftsstudenten attraktiv zu machen. Versuchsgelände stand überhaupt nicht zur Verfügung; das Landwirtschaftliche Institut (im Haus zum Riesen) wurde mangels Nachfrage schon 1880 aufgelöst, der Lehrstuhl nach dem Tod seines Inhabers 1900 eingezogen. Damit war die Episode, Landwirtschaft als Wissenschaft in Heidelberg zu etablieren, zu Ende, zugleich aber auch die Chance vertan, der Heidelberger Universität eine Landwirtschaftliche Fakultät anzugliedern, die sich auf die Tradition der Staatswirtschafts-Hohen-Schule und Jung-Stillings hätte berufen können.

In der Medizinischen Fakultät entstanden neben den klassischen Gesamtkliniken für Chirurgie, Innere Medizin und Gynäkologie in der zweiten Hälfte des 19. Jahrhunderts eine Anzahl selbständiger Spezialkliniken, die meist von Privatdozenten für ambulante Behandlung ins Leben gerufen wurden und um ihre Anerkennung hart zu ringen hatten. Die Chefs der Gesamtkliniken fürchteten um ihr Unterrichts- und Forschungsmaterial – und fürchteten wohl auch die Verminderung ihrer Einkünfte. Neben der Augenklinik, die schon 1868 als eigenständige Klinik von der Fakultät anerkannt wurde, und der Psychiatrischen Klinik (1877 gegründet und akzeptiert) wurden als Privatanstalten begründet: Kinderklinik (Luisenheilanstalt, 1860 von v. Dusch begründet, auf Spendenbasis unterhalten), Ohrenklinik (1873 von Moos begründet), Poliklinik für Nasen- und Kehlkopfkrankheiten (1875 von Jurasz begründet). Daneben bildeten sich nach 1890 in Universitätskliniken Spezialabteilungen heraus, so ein zahnärztliches Institut (1895) und Abteilungen für Orthopädie (1896) und Dermatologie (1908). Im Februar 1918 wurde auf der Basis von Stiftungen die Orthopädische Klinik in Schlierbach für Kriegsbeschädigte und Unfallverletzte begründet – erster Direktor war Hans Ritter von Baeyer (1875–1941, seit 1918 in Heidelberg).

Angesichts der zunehmenden Differenzierung der Wissenschaften wurde die einheitliche Philosophische Fakultät als Rahmen und geistiger Zusammenhang allmählich zur Fiktion. Schon 1877 hatte Bluntschli in seiner Prorektoratsrede auf das Problem hingewiesen. Die Fakultät war mit 17 Lehrstühlen fast so groß wie die 3 anderen Fakultäten mit zusammen 20 Lehrstühlen; mit dem von Bluntschli beschworenen „großartigen Wachstum der Naturwissenschaften" wuchs zugleich die Entfremdung zu den Geisteswissenschaften, was sinnfällig im Streit über die Ökonomiekommission zum Ausdruck gekommen war. Sachgerechte Abstimmungen, bei denen es um Angelegenheiten der anderen Fakultätsgruppe ging, waren kaum noch möglich. Im Ärger über die Einwände naturwissenschaftlicher Ordinarien in einer Berufungsfrage der Historiker flüsterte der taube Treitschke seinem Nachbarn – für alle Anwesenden vernehmlich – ins Ohr: „Was geht das diese Apotheker und Mistfahrer an?" Auf der anderen Seite dachte man in ähnlicher Situation fraglos genauso. 1890 verständigte sich die Fakultät daher auf eine Teilung – die Lehrstühle für Physik, Chemie, Botanik, Zoologie, Mineralogie, Mathematik und Landwirtschaft bildeten seither die Naturwissenschaftlich-mathematische Fakultät. Damit war die Wissenschafts- und Lehrorganisation der Universität, wie sie mit 4 Fakultäten seit 1386 bestanden hatte, aufgebrochen; die Entwicklung im 19. Jahrhundert hatte – wie an anderen Universitäten, so auch in Heidelberg – die Gründung einer fünften Fakultät notwendig gemacht. Auf das Ideal der Einheit der Wissenschaften im Geiste Humboldts folgte das Satyrspiel des materiellen Interesses; einige Professoren machten ihre Zustimmung zur Auflösung der einheitlichen Fakultät von dem Beschluß abhängig, daß für eine Übergangszeit von 10 Jahren die Ordinarien der geschrumpften Philosophischen Fakultät noch an den nach der Ancienität ausgeschütteten Promotionsgebühren der neuen Fakultät beteiligt blieben. So geschah es denn auch.

Die in der zweiten Hälfte des 19. Jahrhunderts zunehmende Spezialisierung und Verwissenschaftlichung hatte notwendigerweise eine Vergrößerung des Lehrkörpers zur Folge; vor allem auf die Philosophische Fakultät traf dies zu. So sind, um es an einem besonders eindrücklichen Beispiel zu zeigen, im Laufe von 50 Jahren aus dem 1852 eingerichteten neuphilologischen Lehrstuhl 4 Ordinariate und ein Extraordinariat geworden. Ungeteilten Beifall fand diese Art Vermehrung nicht, 1893 ließ die Fakultät wissen: „Die immer weiter getriebene Zersplitterung der modernen Philologie in kleine selbständig abgetrennte Gebiete ... sei nicht weiter zu befördern, als dem Zweck einer Universität nicht entsprechend."

Eine Verminderung der Qualität trat trotz der Vermehrung der Stellen nicht ein – im Gegenteil war Heidelberg um 1900 in allen Fakultäten glänzend besetzt. Dem materiellen Reichtum Deutschlands entsprach eine geistige Hochblüte, auch in Heidelberg.

In der Neuphilologie war schon nach dem Tode Bartschs für Sanskrit und vergleichende Sprachwissenschaften ein eigener Lehrstuhl eingerichtet worden, dem Hermann Osthoff (1847–1909, seit 1877 in Heidelberg) Ansehen und Rang verlieh; sein Nachfolger wurde Christian Bartholomae (1855–1925, seit 1909 in Heidelberg), ein Spezialist für Iranistik. Den neuphilologischen Lehrstuhl, jetzt begrenzt auf Germanistik, hatte jahrzehntelang der berühmte Grammatiker Wilhelm Braune (1850–1926, seit 1888 in Heidelberg) inne, während englische und romanische Philologie eigene Vertretungen erhielten. Die ersten Anglisten waren Wilhelm Ihne (1821–1902, seit 1873 Lehrauftrag) und Johannes Hoops (1865–1949, seit 1896 in Heidelberg), Mitbegründer des bekannten Reallexikons der Germanischen Altertumskunde; der erste selbständige Romanist wurde Fritz Neumann (1854–1934, seit 1890 in Heidelberg). Neuere deutsche Literaturgeschichte betreuten zunächst die Philosophen mit; insbesondere waren auch hier die Vorlesungen Kuno Fischers von großer Attraktivität. Den ersten Lehrauftrag für dieses Fach erhielt 1893 Max Freiherr von Waldberg (1858–1938), ein Ordinariat wurde erst 1920 eingerichtet, um Friedrich Gundolf (1880–1931, 1911 in Heidelberg habilitiert) nicht an Berlin zu verlieren.

In der Philosophie wurde die historische Betrachtungsweise Fischers durch eine mehr systematisch ausgerichtete abgelöst, als Fischers Schüler Wilhelm Windelband (1848–1915, seit 1903 in Heidelberg) den Lehrstuhl übernahm. Windelband, das Haupt des südwestdeutschen Neukantianismus, gab mit der berühmt gewordenen Unterscheidung zwischen nomothetischer Methode der Naturwissenschaft und idiographischer Methode der Ereigniswissenschaft den Geisteswissenschaften ihr gutes methodisches Gewissen zurück. Sein Nachfolger Heinrich Rickert (1863–1936, seit 1916 in Heidelberg) baute auf diesem Fundament seine wertphilosophische Wissenschaftslehre auf. Der vielversprechende Systematiker Emil Lask (1875–1916) fiel als Landsturmmann im Kriege. Kurz vor dem Ersten Weltkrieg habilitierte sich dann Karl Jaspers (1883–1969), obwohl Mediziner, in der Philosophischen Fakultät für Psychologie. Auch der Begründer des Vitalismus und Vorreiter der Parapsychologie Hans Driesch (1867–1941) hat nach seiner Habilitation für Naturphilosophie (1909) 10 Jahre in Heidelberg gelehrt.

Die Klassische Philologie wurde von Erwin Rohde (1845–1898, seit 1886 in Heidelberg) auf eine Höhe geistiger Auseinandersetzung geführt, die an die Zeit Friedrich Creuzers erinnerte. Rohde, ein Jugendfreund Nietzsches, untersuchte den griechischen Mythos und die Ursprünge der griechischen Religion vor Homer – sein berühmtes Werk über „Psyche. Seelenkult und Unsterblichkeitsglaube der Griechen" entstand in Heidelberg. Albrecht Dieterich (1866–1908, seit 1903 in Heidelberg) führte die Tradition fort, sein Fachgebiet nicht lediglich als Philologie zu verstehen; er war Religionswissenschaftler, ging dem Wesen der Volksreligion und der Genesis des Christentums nach und wirkte weit über seine Spezialdisziplin hinaus. Sein Nachfolger Franz

Boll (1867–1924, seit 1908 in Heidelberg) lenkte dann mit der Erforschung der griechischen Astrologie und der Geschichte der Sternbilder stärker in die Bahnen der eigentlichen Philologie zurück, die Fritz Schöll (1850–1919, seit 1877 in Heidelberg) nie verlassen hatte.

Über 40 Jahre wirkte Friedrich von Duhn (1850–1930, seit 1880 in Heidelberg) als klassischer Archäologe an der Universität, baute die vorhandenen Sammlungen aus und bereicherte sie vor allem um die Abgüsse der Parthenonskulpturen. Ein Schüler Theodor Mommsens, Alfred von Domaszewski (1856–1927, seit 1887 in Heidelberg), erhielt 1891 den ersten Lehrstuhl für Alte Geschichte. Nach dem Zeugnis seines Fakultätskollegen Gothein stets „voll geladen wie eine Elektrisiermaschine mit Forschungen", ist Domaszewski bekannt geblieben durch seine Arbeiten zur römischen Militärgeschichte und die „Geschichte der römischen Kaiser". Die orientalischen Sprachen vertrat seit 1894 Carl Bezold (1859–1922) als Ordinarius, während ein Spezialfach wie die Ägyptologie erst 1911 mit einer außerordentlichen Professur bedacht wurde; Hermann Ranke (1878–1953) war ihr erster Inhaber.

Für die Historiker war Heidelberg anscheinend seltener das erstrebte Ziel ihrer Karriere. Die beiden Nachfolger Erdmannsdörffers, Erich Marcks (1861–1938, 1901–1907 in Heidelberg) und Hermann Oncken (1869–1945, 1907–1923 in Heidelberg), folgten Rufen nach Hamburg bzw. München, und auch den fatalen Alldeutschen und Antisemiten Dietrich Schäfer (1845–1929, 1896–1902 in Heidelberg) hielt es nur wenige Jahre auf dem Lehrstuhl von Wattenbach. Erst sein Nachfolger Karl Hampe (1869–1936, seit 1903 in Heidelberg) blieb dann bis zu seiner Emeritierung in Heidelberg. Ein vielseitig tätiger Gelehrter, Autor der heute noch viel gelesenen „Deutschen Kaisergeschichte in der Zeit der Salier und Staufer" machte Hampe Heidelberg zu einem Mittelpunkt mittelalterlicher Forschung; Gelehrte wie Friedrich Baethgen, Percy Ernst Schramm und Gerd Tellenbach gingen aus seiner Schule hervor. Hermann Onckens Heidelberger Wirksamkeit ist vor allem durch seine große Biographie Bennigsens (1910 erschienen) gekennzeichnet und durch historische Essays, in denen er Themen aus dem ganzen Bereich der neuzeitlichen Geschichte behandelte. Mit Artikeln trat er zudem als Anhänger Friedrich Naumanns im Sinne einer politischen Pädagogik hervor.

Der erste Kunsthistoriker Henry Thode (1857–1920, seit 1894 in Heidelberg) konnte es an Berühmtheit und öffentlicher Wirksamkeit mit Kuno Fischer aufnehmen. Wie jener zelebrierte er seine Wissenschaft im Hörsaal und in auswärtigen Vorträgen und war als Schwiegersohn von Cosima Wagner-Liszt in der großen Welt zuhause – ein Paradiesvogel unter den damaligen Geheimräten. Sein Nachfolger wurde gegen seinen Willen Carl Neumann (1860–1934, seit 1911 in Heidelberg), der sich hier 1894 für Geschichte und Kunstgeschichte habilitiert hatte, ein Zeichen dafür, wie langsam die Kunstgeschichte zum selbständigen Fach wurde. Thode wie Neumann waren Schüler Jacob Burckhardts, aber das war auch das einzige Verbindende. Stand bei Thode die Renaissance im Mittelpunkt – seine berühmtesten Werke behandelten „Franz von Assisi und die Anfänge der Kunst der Renaissance in Italien" und Michelangelo –, so bezog Neumann mit Entschiedenheit eine gegenteilige Position. „Langsam machte ich mich", heißt es in seiner Selbstdarstellung von 1924, „von meinem Lehrer Jacob Burckhardt und seinem Kult der Renaissance los, im selben Maß, wie ich die Besonderheit unserer nordischen Welt, des deutschen Geistes und die Mutterkräfte des Mittelalters verstehen lernte." Er hielt „Rembrandt und die Spätgotik für die sichersten Anker deutscher Kunst". Die Perversion des Deutschen hat der Jude Neumann nur ein Jahr erfahren müssen.

Eine weitere neue Wissenschaftsdisziplin wurde der Philosophischen Fakultät mit der Geographie eingefügt, deren Errichtung die Regierung zum Zwecke besserer Lehrerausbildung wünschte. Gleich der erste Vertreter Alfred Hettner (1859–1941, seit 1899 in Heidelberg) brachte das neue Fach durch grundlegende Beiträge zu verschiedenen Gebieten der Geographie, insbesondere zur Methodologie, zu hoher Blüte.

Zum Ansehen der Philosophischen Fakultät und der Universität überhaupt trugen aber vor allem auch die Vertreter der Nationalökonomie bei. Nach jahrzehntelanger Wirksamkeit war 1896 Karl Knies (1821–1898, seit 1865 in Heidelberg) ausgeschieden. Sein Nachfolger wurde Max Weber (1864–1920, 1897–1903 in Heidelberg), dessen bahnbrechende Arbeiten zur Methodologie der Sozialwissenschaften und zur Religionssoziologie sowie zur Wirtschafts- und Sozialpolitik und Sozial- und Wirtschaftsgeschichte zum größten Teil in seiner Heidelberger Zeit entstanden sind – darunter „Die ‚Objektivität' sozialwissenschaftlicher und sozialpolitischer Erkenntnis" (1904), „Die protestantische Ethik und der ‚Geist' des Kapitalismus" (1904/05), „Zur Psychophysik der industriellen Arbeit" (1908/9), „Die Wirtschaftsethik der Weltreligionen" (seit 1915) und „Der Sinn der ‚Wertfreiheit' der soziologischen und ökonomischen Wissenschaften" (1917). 1904 wurde Weber Mitherausgeber der neuen Folge des „Archivs für Sozialwissenschaft und Sozialpolitik". Als akademischer Lehrer hat er in Heidelberg kaum Wirksamkeit entfalten können, da er bald nach seiner Berufung an einem Nervenleiden erkrankte; durch seine Zurückgezogenheit bei großer und weitgespannter wissenschaftlicher Produktivität seit 1903 wurde er aber in der Vorkriegszeit zum „Mythos von

Heidelberg". Zwar erhielt Weber nach Niederlegung seines Ordinariats eine Honorarprofessur, hat jedoch in Heidelberg das Katheder nie wieder betreten.

Wegen Webers Erkrankung wurde ein zweiter Lehrstuhl für Nationalökonomie geschaffen, den Karl Rathgen (1856–1921, 1900–1907 in Heidelberg) erhielt. An die Stelle Webers trat 1904 Eberhard Gothein (1853–1923), der wie seine Vorgänger stark historisch orientiert war und dessen Arbeitsgebiete von der Wirtschaftsgeschichte des Schwarzwaldes über Probleme der modernen Nationalökonomie bis zu Ignatius von Loyola reichten. Gothein war der letzte große Kulturhistoriker – mit einer staunenswerten Produktivität. Auch wissenschaftsorganisatorisch war er tätig; so ist er einer der Mitbegründer der Mannheimer Handelshochschule geworden. Als Nachfolger Rathgens kam 1907 Alfred Weber (1868–1958) nach Heidelberg. Immer etwas im Schatten der Bedeutung des älteren Bruders stehend, hat er mit seiner besonderen Begabung zur großangelegten Synthese und Systematik in jahrzehntelanger Wirksamkeit ein umfangreiches Oeuvre zur politischen und Kultursoziologie vorgelegt. Noch im hohen Alter hat Alfred Weber sich mit „Abschied von der bisherigen Geschichte" (1946) und „Der dritte oder der vierte Mensch" (1953) um Gegenwartsanalyse und Zukunftsentwurf bemüht.

Die Naturwissenschaften expandierten in ihrer Stellenzahl nicht in demselben Umfang wie die Geisteswissenschaften – zwischen 1870 und 1910 gab es unverändert 7 Lehrstühle, obwohl sich die Zahl der Studenten verzehnfachte. Die geringe Zahl der Ordinariate wurde nur einigermaßen wettgemacht durch außerordentliche Professuren, bei deren Inhabern die Gefahr der Fluktuation allerdings groß war. Bunsens zweiter Nachfolger Theodor Curtius (1857–1928, seit 1898 in Heidelberg) baute das Chemische Institut wie sein Vorgänger Victor Meyer weiter aus und verstand sich auch als Wissenschaftsorganisator in einem solchen Großbetrieb. Allerdings ging er in dieser Funktion keineswegs auf, sondern verfolgte seine früheren Entdeckungen des Hydrazins und der Stickstoffwasserstoffsäure in verschiedenen Richtungen weiter. In der Physik folgte auf Georg Hermann Quincke (1834–1924, seit 1875 in Heidelberg) Philipp Lenard (1862–1947, seit 1907 in Heidelberg), der schon früher zur Unterstützung Quinckes in Heidelberg gelehrt hatte. Lenard war berühmt als Physiker; für seine Arbeiten über Kathodenstrahlen hatte er 1905 den Nobelpreis erhalten, sein Atommodell war ein wichtiger Vorläufer des Rutherfordschen Modells, seine Experimente zum Photoeffekt hatten weittragende Bedeutung. Aber Lenard war auch berüchtigt als rabiater Antisemit und Nationalist, vielleicht weil er selbst aus Preßburg stammte. Die moderne theoretische Physik bekämpfte er als „Judenbetrug" – bis zur Absurdität des Vorsatzes, die gesamte Naturwissenschaft aus „deutschem Geist" zu erneuern. Heidelberger jüdischen Wissenschaftlern hat er ihr berufliches Vorwärtskommen, so gut es in seinen Kräften stand, erschwert.

Mathematik vertrat als Nachfolger von Ludwig Otto Hesse (1811–1874, 1856–1868 in Heidelberg), der vor allem auf dem Gebiet der analytischen Geometrie gearbeitet hatte, jahrzehntelang Leo Koenigsberger (1837–1921, 1869–1875 und seit 1884 in Heidelberg). Schüler von Weierstraß, war Koenigsberger wissenschaftlich vielseitig tätig und besaß auch erkenntnistheoretische und wissenschaftshistorische Interessen – so stammt eine umfangreiche Helmholtz-Biographie von ihm. Als Mathematikhistoriker wirkte neben ihm Moritz Cantor (1829–1920, seit 1853 in Heidelberg).

Otto Bütschli (1848–1920), einer der Begründer der klassischen Zytologie und hervorragender Morphologe, hatte seit 1878 den Lehrstuhl für Zoologie inne, Ordinarius für Botanik war Ernst Pfitzer (1846–1906, seit 1872 in Heidelberg), dessen Hauptforschungsgebiet die Orchideen waren. Seine Nachfolge trat 1907 Georg Klebs (1857–1918) an, der zu den Begründern der botanischen Entwicklungsphysiologie gezählt wird und als erster die Abhängigkeit der Fortpflanzungsverhältnisse von Umweltfaktoren aufdeckte.

Mineralogie und Geologie faßte als letzter Heinrich Rosenbusch (1836–1914, seit 1878 in Heidelberg) zusammen, einer der führenden systematischen Petrographen der Welt, der Heidelberg zu einem internationalen Zentrum für die Erforschung der Gesteine machte. Nach seinem Ausscheiden wurden Geologie und Paläontologie zu einem selbständigen Fach; als erster Ordinarius vertrat sie Wilhelm Salomon-Calvi (1868–1941, seit 1901 Extraordinarius in Heidelberg), auf den die Erschließung der Radium-Solquelle Heidelberg zurückgeht. Die Stadt ernannte ihn dafür zum Ehrenbürger, was nicht hinderte, daß er 1934 in die Emigration getrieben wurde.

Eine besondere Blüte erlebte die Astronomie nach Errichtung der Königstuhl-Sternwarte, die Wilhelm Valentiner (1845–1931, seit 1896 in Heidelberg) leitete. Neben ihm war Max Wolf (1863–1932, seit 1890 in Heidelberg) tätig, der schon im elterlichen Haus in der Märzgasse eine kleine Privatsternwarte eingerichtet hatte. Er entdeckte 1894 den nach ihm benannten Kometen und mehrere kleine Planeten und leistete Bahnbrechendes auf dem Gebiet der Himmelsphotographie. Nach Valentiners Emeritierung erhielt er 1909 die Direktion der Sternwarte, nachdem die Fakultät früher die Errichtung eines zweiten astronomischen Ordinariats abgelehnt hatte, um das Gleichgewicht zur Physik und Chemie nicht zu stören.

Die Theologische Fakultät ist im Jahrzehnt vor dem Ersten Weltkrieg von geistigen Erschütterungen und Krisen, wie sie sie während des 19. Jahrhunderts mehrfach heimgesucht hatten, weitgehend verschont geblieben. Der Ritschlianismus blieb ohne große Resonanz, vorherrschend war die gediegene historisch-kritische Forschung. Der Lehrstuhl für Neues Testament wechselte zweimal in kurzer Zeit (Adolf Deißmann 1866–1937, 1897–1908 in Heidelberg, Johannes Weiß 1863–1914, seit 1908 in Heidelberg), ehe mit Martin Dibelius (1883–1947, seit 1915 in Heidelberg) eine neue Kontinuität begann. Hans von Schubert (1859–1931, seit 1906 in Heidelberg) begründete in Heidelberg eine einflußreiche Tradition der Reformationsgeschichtsforschung. Die wirkungskräftigste Gestalt der Fakultät zu dieser Zeit war aber fraglos Ernst Troeltsch (1865–1923), der 1894 den Lehrstuhl für Systematische Theologie übernahm. Troeltschs Lebensarbeit stand unter der Frage nach der Behauptung der Religion in der modernen Welt; in diesen Zusammenhang stellte er auch seine Untersuchungen über den Historismus und das Problem eines neuen Wertsystems, das der historistischen Zersetzung standzuhalten vermochte. In seinen Aufsätzen über „Die Soziallehren der christlichen Kirchen und Gruppen" bezog er unter dem Einfluß Max Webers die ökonomischen, sozialen und institutionellen Gegebenheiten in die Kirchengeschichte ein. Troeltsch ging 1915 nach Berlin.

Glanzvoll war vor 1914 die Juristische Fakultät besetzt. Ernst Immanuel Bekker war der letzte der großen Pandektisten und einer der würdigen Repräsentanten der Geheimratsuniversität, Heidelberger Ehrenbürger, „in dessen Person Gelehrtentum und Ritterlichkeit, Lehrbegabung mit Lebenskunst harmonisch zusammenklangen", wie ihm der Prorektor Bezold bei seinem Tode 1916 nachrühmte. Neben Bekker lehrte Otto Karlowa (1836–1904, seit 1872 in Heidelberg) Römisches Recht. Als Nachfolger Heinrich Buhls (1848–1907, seit 1866 in Heidelberg) wirkte Otto Gradenwitz (1860–1935, seit 1909 in Heidelberg), berüchtigt wegen seines sarkastischen, mitunter geschmacklosen Witzes und seiner skurrilen Lebensgewohnheiten, aber ein bedeutender Gelehrter für Römisches Recht mit besonderer Begabung für analytische Textkritik und ausgezeichneter Papyrologe. In der Tradition Mohls und Bluntschlis arbeitete Georg Jellinek (1851–1911, seit 1891 in Heidelberg) auf dem Gebiet des vergleichenden Staatsrechts, universalistisch orientiert im Gegensatz zum vorherrschenden und national genügsamen Positivismus. Dem Staatsrechtslehrer Georg Meyer (1841–1900, seit 1889 in Heidelberg), der über das Recht des Reiches und seiner Einzelstaaten ein vielbenutztes und -geschätztes Handbuch verfaßte, folgte Gerhard Anschütz (1867–1948, 1900–1908 und seit 1916 in Heidelberg), der berühmte Kommentator der preußischen

Vorkriegs- und der Weimarer Reichsverfassung. Deutsche Rechtsgeschichte vertrat Richard Schröder (1838–1917, seit 1888 in Heidelberg), einer der Begründer des Deutschen Rechtswörterbuchs und sein erster Leiter; er gewann 1911 als Mitarbeiter Eberhard Freiherr von Künßberg (1881–1941), der nach Schröders Tod das Unternehmen weiterführte. Um die anderen großen Heidelberger Juristen dieser Zeit wenigstens noch zu nennen: Öffentliches Recht vertrat Richard Thoma (1874–1957, 1911–1928 in Heidelberg), Bürgerliches Recht Friedrich Endemann (1857–1936, seit 1904 in Heidelberg), Zivilprozeß Karl Heinsheimer (1869–1929, seit 1907 in Heidelberg), Strafrecht der Liszt-Schüler Karl von Lilienthal (1853–1927, seit 1896 in Heidelberg). Als Privatdozent lehrte Gustav Radbruch (1878–1949) seit 1904 10 Jahre in Heidelberg, wohin er dann 1926 zurückkehrte.

Schließlich die Medizinische Fakultät – auch hier eine Fülle großer und bedeutender Namen, von denen einige herausgegriffen seien. Nachfolger des Anatomen Gegenbaur war seit 1901 sein Schüler Max Fürbringer (1846–1920), gleicherweise ein bedeutender Anatom wie ein vorzüglicher Ornithologe. Als Fürbringer in den Ruhestand trat, übernahm Hermann Braus (1868–1924, 1912–1921 in Heidelberg) den Lehrstuhl; er hat sich besonders durch seine dreibändige „Anatomie des Menschen" einen Namen gemacht. In der Inneren Medizin wurde Erb abgelöst durch Ludolf (von) Krehl (1861–1937, seit 1907 in Heidelberg), der berühmt geworden war durch seine „Pathologische Physiologie" (zuerst 1892 erschienen, bis 1930 nicht weniger als 13 Auflagen). Krehl legte den Grundstein für eine neue Auffassung von Krankheit, indem er den Kranken als Gesamtperson in den Blick nahm. „Die Einheit des lebenden Organismus ist für mich eine der sichersten Tatsachen, die es gibt. ... Die Leitung der Vorgänge, von der alles ausgeht, ist, wie mir scheint, etwas Seelisches, Unräumliches." Seine Konzeption, medizinische Grundlagenforschung mit Abteilungen für Physik, Chemie, Physiologie und Pathologie zusammenzufassen, verwirklichte Krehl mit dem von ihm begründeten und 1930 eingeweihten Kaiser-Wilhelm-Institut für Medizinische Forschung.

Der zweite Nachfolger Helmholtz' in der Physiologie, Albrecht Kossel (1853–1927, seit 1901 in Heidelberg), war der erste Heidelberger Träger eines Nobelpreises; er erhielt ihn 1910 für seine Arbeiten über Proteine. In der Gynäkologie folgte auf Kehrer Karl Menge (1864–1945, seit 1908 in Heidelberg), ein Schüler Robert Kochs, der die Bakteriologie für sein Fachgebiet fruchtbar machte; frühzeitig erkannte er zudem die Möglichkeiten der Strahlenbehandlung für die Heilung des gynäkologischen Krebses. Den 1877 errichteten Lehrstuhl für Psychiatrie hatte für 10 Jahre Emil Kraepelin (1856–1926, 1893–1903 in Heidelberg) inne, ehe er nach München ging; in seine

Heidelberger Zeit fällt die für Kraepelins wissenschaftliche Leistung charakteristisch gewordene Systematisierung und Klassifizierung der Geisteskrankheiten, die in ihren Grundzügen bis heute Bestand hat. Ordinarius für pathologische Anatomie wurde 1907 Paul Ernst (1859–1937), nachdem Julius Arnold (1835–1915), Sohn des Anatomen Friedrich Arnold, nach 41jähriger Wirksamkeit in den Ruhestand getreten war; Ernst war ein gleich vorzüglicher Kenner der Mikrobiologie wie der pathologischen Histologie. August Wagenmann (1863–1955), der vor allem über Unfallverletzungen des Auges arbeitete, übernahm 1910 die Leitung der Augenklinik.

Zur Geschichte der Universität gehört auch die der Universitätsbibliothek, deren leitende Beamte gleichermaßen bedeutende Organisatoren und Wissenschaftler waren. Seit 1873 stand die Universitätsbibliothek unter der Leitung Karl Zangemeisters (1837–1902, seit 1873 Oberbibliothekar in Heidelberg), der erstmals die verschiedenen Bestände der Bibliothek zusammenfaßte und für eine Systematik sorgte. Außerdem ist ihm die Gründung der Heidelberger Papyrussammlung und die Neuordnung des Universitätsarchivs zu verdanken. Unter seinem Nachfolger Jakob Wille (1853–1929, seit 1902 Oberbibliothekar), der auch als Historiker tätig war, fand die Neuaufstellung der Universitätsbibliothek in dem Gebäude in der Plöck statt.

Neben die Universität trat 1909 die „Heidelberger Akademie der Wissenschaften (Stiftung Heinrich Lanz)". Schon zum Universitätsjubiläum 1886 hatte der badische Großherzog Friedrich I. Heidelberg eine solche wissenschaftliche Einrichtung zugedacht, die an die Tradition der humanistischen Sodalitas litteraria Rhenana von Celtis und Dalberg sowie an die Kurpfälzische Akademie der Wissenschaften des 18. Jahrhunderts anknüpfen konnte. Der Plan scheiterte damals an sachlichen Einwänden und persönlichen Rivalitäten der Heidelberger Professoren. Seit Anfang des neuen Jahrhunderts hatte sich die Stimmung gewandelt, und es gelang dem Juristen Endemann, den Inhaber der Mannheimer Landmaschinenfabrik Heinrich Lanz für die Stiftung eines Kapitals von 1 Mill. Mark zu gewinnen. Auf dieser materiellen Basis wurde eine Akademie herkömmlichen Zuschnitts organisiert – gegen den scharfen Protest Max Webers, der die „nicht historischen Disziplinen" diskriminiert sah und vergeblich die Errichtung einer eigenen gesellschaftswissenschaftlichen Abteilung forderte. Die Außenwirkung der neuen Akademie mußte bei der bescheidenen Ausstattung zunächst gering sein, vor allem lexikographische Arbeiten wurden gefördert. Erst nachdem das Stiftungsvermögen durch Krieg und Inflation verlorengegangen und die Finanzierung der Akademie vom Staat übernommen worden war, konnten, teilweise in Zusammenarbeit mit den anderen deutschen Akademien, größere Projekte in Angriff genommen werden. Heute verfügt die Akademie über mehr als 20 Forschungsstellen, Arbeitsvorhaben und Kommissionen.

Jenseits der Fakultäten und der in ihnen wirkenden Gelehrten wird die Heidelberger Universität im Jahrzehnt vor dem Ersten Weltkrieg durch ein besonderes Fluidum gekennzeichnet, das vielfach von Zeitgenossen und aus der Erinnerung als „Heidelberger Geist" beschworen worden ist. Von diesem Geist unberührt blieben die „Geheimratsuniversität", der Großteil der Naturwissenschaftler und der Kreis um Henry Thode, der sich zum gemeinsamen Wagnerkult zusammenfand. Zwei Gestalten insbesondere prägten je auf ihre Weise den Heidelberger Geist: Max Weber und Stefan George. Für Max Weber waren der Sonntagskreis und andere Geselligkeit in seinem Haus − Konzentration des Heidelberger Geistes − Ersatz für öffentliche Wirksamkeit als Dozent, die ihm durch seine Krankheit viele Jahre unmöglich war. Zum engsten Kreis gehörten Troeltsch, Jellinek, Gothein; jüngere Gelehrte wie Karl Jaspers, Emil Lask, Gustav Radbruch, Ernst Bloch, Karl Voßler, Georg Lukaćz traten hinzu. Charakteristisch war die Anwesenheit und Beteiligung gebildeter und engagierter Frauen, an ihrer Spitze Marianne Weber, Marie-Luise Gothein und Camilla Jellinek. Stefan George hielt sich seit Gundolfs Habilitation 1911 häufig in Heidelberg auf und versammelte hier seine Jünger um sich.

Kennzeichen des Heidelberger Geistes war das unendliche Gespräch, der wechselseitige geistige Austausch, der immer das Besondere und Neue suchte in Verachtung des Üblichen und Gewöhnlichen. Aus eigener Anschauung erinnert sich Radbruch an das damalige Heidelberg: „Es war eine einheitliche geistige Welt, in der sich die geistigen Menschen Heidelbergs bewegten, von ihr beeinflußt und wiederum sie beeinflussend... Heidelberg war damals wie eine Arche Noae, in der von jeder neuen Spielform geistiger Menschen ein Exemplar vertreten war." Die Kehrseite: „Die Schlichten, Soliden, Normalen und Anspruchslosen kamen dabei manchmal zu kurz oder verfielen gar der Lächerlichkeit." Enger Nationalismus und primitiv-großspuriger Wilhelminismus wurden entschieden abgelehnt, die Orientierung war kosmopolitisch-liberal und weltoffen, was nicht zuletzt den zahlreichen Ausländern zugute kam, die in Heidelberg studierten. Im Mittelpunkt der universalwissenschaftlichen Diskussion im Kreis um Weber standen zunächst religionshistorische Probleme (sog. Eranos-Kreis), später verschob sich die Erörterung auf soziologische Fragestellungen. Hier war dann die geistige Führerschaft Webers besonders eindrücklich, unter lebhafter Anteilnahme insbesondere von Troeltsch, Jellinek und Gothein. Vertreter der modernen Naturwissenschaften wurden hingegen „etwas mitleidig von oben herab betrachtet" (Hans Driesch) − eine bezeichnende Teilblindheit dieses Heidelberger Geistes, in dem sich Philosophie, Geschichte und Soziologie zu fruchtbarer Synthese verbanden, Naturwissenschaften aber in ihren mannigfachen Ausprägungen ausgeklammert blieben. Für Ungefestigte war die spezifische Heidelberger Geistigkeit nicht ohne Gefahren und Gefährdungen: „Ein alles verstehender und nichts ablehnender Relativismus war die Grundstimmung" (Radbruch). Auf Max Weber selbst konnte sich die relativistische und relativierende Grundstimmung allerdings nicht berufen.

Der Kreis um Stefan George trug auf seine esoterische Weise zur Prägung des Heidelberger Geistes bei. Bewußte Exklusivität und vorbehaltlose Verehrung des „Meisters" kennzeichnete seine Anhänger, dazu eine oft recht dünnblütige Geistigkeit, während sie vom heroischen Leben und vom kommenden Reich und der elitären Gemeinschaft der großen Täter schwärmten. Den Verkehr mit Max Weber brach George bezeichnenderweise ab, da er in ihm den kalten Rationalisten sah, der dem Zeitalter der Massen nicht nur mit der aristokratisch-abwehrenden Gebärde begegnete. Weber störte dagegen an George der unausgewiesene Anspruch auf unbedingte Führung und Unterwerfung, das Kokettieren mit dem Heldischen und Kraftvollen, während George doch gerade, so Marianne Weber 1912, „höchst verfeinerte Menschen als Widerhall braucht und nicht die heroischen Schlagetote der früheren Zeiten". Über Gundolf und Gothein blieb aber eine Beziehung zwischen beiden Kreisen erhalten, von denen einer sich Grundproblemen der Zeit und der Wissenschaft stellte, der andere dagegen die Wirklichkeit überhöhte und aufzuheben sich bemühte. Chance und Gefährdung – beides gehört zum Heidelberger Geist dieser Jahre.

Die große Zeit der Blüte dieses Geistes ging mit dem Ersten Weltkrieg und dem Tode Max Webers zu Ende. Eine Nachblüte erlebte er in den zwanziger Jahren, repräsentiert durch Alfred Weber, Gundolf, Jaspers, Ludwig und Ernst Robert Curtius. Marianne Weber setzte die Tradition der Vortrags- und Diskussionsveranstaltungen in dem Haus an der Alten Brücke fort, um zu ihrem Teile dazu beizutragen, aus dem Zusammenbruch die Überreste von Bildung und Bildungsbürgertum zu retten. Auf die Universität haben diese Bemühungen aber nicht mehr prägend zurückgestrahlt. Im Dritten Reich wurde dieser Kreis dann zu einer Form der inneren Emigration.

Das Besondere Heidelbergs kam noch einmal eindrucksvoll und sinnfällig im Sommer 1914 zum Ausdruck. Der Prorektor Gothein lud zum üblichen Jahresfest in den Schwetzinger Schloßpark ein; die Gäste wurden gebeten, im Rokokokostüm zu erscheinen, Schüler und junge Freunde Gundolfs führten Shakespeares „Was ihr wollt" auf, das sie wenige Wochen zuvor bei einer Sonnwendfeier auf dem Königsstuhl gespielt hatten. Dieses Fest, das sich denen, die es erlebten, tief eingeprägt hat, beschloß für Heidelberg die Zeit des Friedens und der bürgerlichen Sekurität des 19. Jahrhunderts. Wenige Tage später beendete der Ausbruch des Ersten Weltkriegs die Periode des großen geistigen und materiellen Reichtums jäh.

Wie ihre Kollegen andernorts haben sich auch die Heidelberger Professoren von den „Ideen von 1914" und der anfänglichen Aufbruchsstimmung tragen lassen, sind aber im großen und ganzen von Übertreibungen freigeblieben. Daher fanden die akademischen Wortführer eines hemmungslosen Annexionismus und Nationalismus, wie Haller, Schäfer, Seeberg oder Wilamowitz, hier keine prominente Gefolgschaft. Max Weber gehörte im Gegenteil zu den Führern der Gemäßigten unter den deutschen Professoren. Die Kriegsreden der Prorektoren blieben maßvoll und vergleichsweise phrasenlos, nur der Prorektor von 1915, der Theologe Bauer, sprach vom erhofften „Frieden, den wir als Sieger bestimmen". Im Oktober 1917 wandten sich 32 Heidelberger Professoren gegen die Gründung und den Anspruch der „Deutschen Vaterlandspartei", weil mit ihr nur die innenpolitischen Gräben wieder aufgerissen würden; zugleich sprachen sie sich aber auch „gegen jede Flaumacherei und Schwächung unseres Siegeswillens" aus. Zu den Unterzeichnern gehörten die Juristen Anschütz, Heinsheimer, von Lilienthal, Thoma, aus der Philosophischen Fakultät Bartholomae, Boll, Driesch, Gothein, Hettner, Jaspers, Carl Neumann, Oncken, Rickert, Max Weber, der Theologe Dibelius, von Medizinern und Naturwissenschaftlern Braus, Bütschli, Theodor Curtius, Herbst, Klebs, Salomon-Calvi, Wagenmann.

Die nominelle Studentenzahl stieg nach einem Rückgang zu Beginn des Krieges während der nächsten Jahre weiter an, von knapp über 2000 im Wintersemester 1914/15 (davon 222 Frauen) auf 2800 im Sommersemester 1918 (davon fast 500 Frauen) – nur befand sich ein Großteil der Studenten im Kriegsdienst: 1231 im Wintersemester 1914/15, 1899 im Sommer 1918. 473 Studenten, 4 Dozenten sowie 20 Beamte und Assistenten wurden Opfer des Krieges. Die Gedenkfeier für sie im Juli 1919 hielt sich – abweichend von anderen Universitäten – auf der Linie der Nüchternheit und des gedämpften Pathos, mit dem Hermann Oncken feststellte: „Als Geschlagene denken wir derer, die für uns siegten; als Schuldiggesprochene derer, die im Bewußtsein unseres Rechtes in den Tod gingen; und als die Überlebenden preisen wir diejenigen glücklich, deren Los sie solchem Ausgang für immer entrückt hat." Für die Gefallenen wurden 1921 in der Mensa Gedenktafeln angebracht, beim Bau der Neuen Universität wurde auf einen Vorschlag des Architekten von 1932 im Hexenturm eine Ehrenhalle eingerichtet.

Republik und Diktatur 1918–1945

Die Gedenkworte Hermann Onckens bei der Trauerfeier für die Gefallenen der Heidelberger Universität spiegeln das durch den Verlust des Krieges tief getroffene Selbstverständnis weiter Kreise des deutschen Bildungsbürgertums wider. Mit dem Kriegsende zerbrach der geistige – und bald darauf auch der materielle – Lebensbereich dieser Schicht. Allerdings erkannte nur eine einsichtige Minderheit unter den Professoren, wie einschneidend die Zäsur war, und trat für Verfassung und Republik ein oder fand sich doch mit den neuen Gegebenheiten ab; ein größerer Teil blieb bei der monarchischen Gesinnung und bei dem übersteigerten Nationalismus der Kriegszeit stehen, klammerte sich an die Erinnerung an die alte Zeit und stand dem demokratischen Staat mit Ablehnung oder Verachtung gegenüber.

Im organisatorischen Gefüge der Universität Heidelberg machte sich die Revolution zunächst vor allem durch den Wechsel an der Spitze geltend; nach dem Ausscheiden des Landesherrn als Rector Magnificentissimus wurde die Bezeichnung Rektor auf den bisherigen Prorektor übertragen; Prorektor war von jetzt an der jeweilige Vorgänger. Die Vertretung der Universität in der Ersten Kammer, wo Heidelberg seit 1818 durch einen von den Ordinarien auf je 4 Jahre gewählten Professor repräsentiert gewesen war, hörte auf. Eine neue Universitätsverfassung vom März 1919 erweiterte die Rechte der Nichtordinarien im Senat und in den Fakultäten, allerdings nur in bescheidenem Umfang. Auch in der Personalstruktur hatte die Revolution insofern Veränderungen zur Folge, als in der Medizinischen Fakultät zum Sommersemester 1919 ein „Pairsschub" stattfand, bei dem Vertreter von Spezialfächern, soweit sie bisher planmäßige Extraordinarien waren, zu ordentlichen Professoren ernannt wurden. Außerdem führte Baden 1922 nach dem Beispiel anderer Länder die Emeritierung ein, d. h. eine feste Altersgrenze von 68 Jahren. Bisher war die „Zuruhesetzung eines akademischen Lehrers... nur auf ausdrückliches Ansuchen der Betreffenden" erfolgt (Ministerialerlaß von 1881). Die Verbitterung über die neue Maßnahme war groß; noch 1924 beklagte der Rektoratsbericht „den unterschiedslos durchgeführten Abbau aus politischen Gründen".

Das Bild der Heidelberger Universität in der Öffentlichkeit der Weimarer Republik war vom Ruf als eines neuen „geistigen Mittelpunktes Deutschlands" (Schlagzeile einer Berliner Tageszeitung 1932), als „fortschrittlichster und geistig anspruchsvollster Universität Deutschlands" (Zuckmayer) bestimmt. Heidelberg war sicher so wenig wie die anderen deutschen Universitäten ein Hort der Demokratie und des Republikanismus, aber bekannte Gelehrte waren demokratisch gesinnt und bekannten sich zu dieser Gesinnung. Demgegenüber fehlten Exponenten des Nationalismus und Rechtsradikalismus; Lenard galt als Außenseiter, der mit seinen antisemitisch-völkischen Tiraden Narrenfreiheit genoß. In der „Vereinigung verfassungstreuer Hochschullehrer" (Weimarer Kreis) waren – gemäß der „Maxime von der Verpflichtung des Gelehrten zur Teilnahme am aktiven Leben", wie sie Richard Thoma 1926 formulierte – Heidelberger Professoren verhältnismäßig zahlreich vertreten, vor allem die Juristen mit Anschütz, Dohna, Heinsheimer, Jellinek, Radbruch und Thoma; aber auch die Philosophische Fakultät fehlte nicht, wie die Namen Alfred Weber, Hampe, Hellpach, Lederer und Neumann zeigen. Bei der ersten Tagung des Weimarer Kreises 1926 wurde Heidelberg mit 8 Teilnehmern nur noch von Berlin mit 13 Beteiligten übertroffen.

Die liberale Gesinnung der Philosophischen Fakultät zeigte sich exemplarisch am Boykott der sog. Hindenburg-Spende 1927, als Rektor und Senat die Einsammlung durch die Pedelle angeordnet und als Orientierungshilfe eine Mindestspende von 10 RM genannt hatten. Alfred Weber protestierte durch einen Vermerk auf der Sammelliste gegen diese Art der Erhebung und beteiligte sich nicht; ihm schlossen sich die meisten Fakultätsmitglieder an, so daß schließlich nur 4 Professoren ihren Beitrag leisteten. Insgesamt brachte Heidelberg durch das abweisende Verhalten der mitgliederstärksten Fakultät weitaus die geringste Summe unter den deutschen Universitäten auf – gewiß nicht aus Protest gegen den konservativen Reichspräsidenten, aber in Verweigerung jeder Art moralischen Zwanges. Unmittelbares politisches Bekenntnis schloß die Entscheidung der Philosophischen und Juristischen Fakultät von 1928 ein, den Reichsaußenminister Gustav Stresemann zum Dr. rer. pol. zu promovieren. In der Urkunde wird Stresemann gewürdigt als „hochverdient um die Festigung von Staat und Wirtschaft, durchdrungen von Deutschlands Recht auf Leben und Freiheit, ... als Bahnbrecher einer Politik der geistigen Annäherung und friedlichen Verständigung der Völker".

Auch die seit 1923 an allen deutschen Hochschulen an jedem 18. Januar abgehaltenen Reichsgründungsfeiern – Indikator des geistig-politischen Klimas einer Universität – wichen in Heidelberg von dem weithin üblichen Schema ab. Die Festreden waren zwar in den ersten

Jahren häufig vom „Grenzmarkbewußtsein" geprägt und gaben einem Gefühl der Bedrohung von Westen her Ausdruck, hielten sich aber dennoch im allgemeinen von Nationalismus oder sentimentalem Pathos frei. Eindringlich warnte 1931 der Philosoph Ernst Hoffmann vor der Demagogisierung; das Unheil komme „nicht von der Politik, sondern von ihren unehrenhaften Kampfmitteln, von der mangelnden guten Form im politischen Leben, von der grundsätzlichen sittlichen Nichtachtung des Gegners". Wenige Tage vor der Machtübernahme durch den antisemitischen Nationalsozialismus hielt am 18. Januar 1933 Wilhelm Salomon-Calvi die letzte Rede bei einer Reichsgründungsfeier im republikanischen Heidelberg.

Wie groß das Ansehen Heidelbergs im Bewußtsein der Öffentlichkeit in den zwanziger Jahren gewesen ist, zeigen die Überlegungen im Zusammenhang mit allgemeinen Reformerörterungen, die Landesuniversität Heidelberg in eine Reichsuniversität umzuwandeln, d. h. die Zuständigkeit für sie auf das Reich zu übertragen. Das Land Baden begrüßte diesen Gedanken aus finanziellen Gründen, er war aber angesichts des Kulturföderalismus von vornherein nicht zu verwirklichen.

Heidelberg hat aber nicht nur positiv auf die demokratische Öffentlichkeit gewirkt, sondern mehrfach auch mit „Fällen" Schlagzeilen gemacht. Nachdem 1920 dem Privatdozenten für Philosophie Arnold Ruge wegen antisemitischer Äußerungen und Beleidigung von Rektor und Kollegen auf Antrag der Philosophischen Fakultät vom Ministerium die Lehrbefugnis entzogen worden war, ohne daß dieser Konflikt größere Beachtung gefunden hätte, erregte 1922 der Fall Lenard weithin Aufsehen. Nach der Ermordung Rathenaus weigerte sich Lenard, der Anordnung des Rektors zu folgen und das Physikalische Institut zu schließen und mit Trauerbeflaggung zu versehen. Daraufhin drangen unter Führung Carlo Mierendorffs, später einer der bedeutenden Gegner und Verschwörer gegen das NS-System, damals Student in Heidelberg, Arbeiter und Studenten in das Institut ein; auf ihr Verlangen nahm die Polizei Lenard vorübergehend in Schutzhaft. Der Engere Senat mißbilligte gleicherweise das Verhalten Lenards und der Studenten; Mierendorff wurde 1923 wegen Haus- und Landfriedensbruchs verurteilt, gegen Lenard leitete die Regierung ein Disziplinarverfahren ein, das mit einem Verweis endete.

Blieb die Auseinandersetzung um Lenard Episode, so erschütterte der Fall Gumbel die Universität tief und über Jahre hinweg. Emil Julius Gumbel (1891–1966), seit 1923 Privatdozent für Statistik in Heidelberg, war seit seiner Teilnahme am Weltkrieg als Kriegsfreiwilliger Sozialist und Pazifist und hatte mehrere Schriften gegen politische Justiz und Geheimbünde veröffentlicht. Als er 1924 auf einer Versammlung der Deutschen Friedensgesellschaft in Heidelberg von den Kriegstoten sprach, die, „ich will nicht sagen, auf dem Felde der Unehre gefallen sind, aber die doch auf gräßliche Weise ums Leben kamen", erregte er einen Entrüstungssturm, dessen Vehemenz sich aus der Irrationalität gekränkten Nationalgefühls und eines durch die Niederlage tief verwundeten Patriotismus speiste. Die Philosophische Fakultät schloß sich diesen übersteigert nationalen Emotionen an und beantragte mit Zustimmung des Engeren Senats ein Verfahren zur Entziehung der Venia legendi. In dem eingesetzten Untersuchungsausschuß trat zwar lediglich Karl Jaspers aus prinzipiellen Erwägungen über die Freiheit der Universität und der akademischen Lehrer für Gumbel ein, aber unter dem Einfluß Ludwig Curtius' als Dekan nahm die Fakultät ihren Antrag zurück, um nicht auch nur den „Anschein einer einseitigen weltanschaulichen Stellungnahme" zu erwecken. Dazu paßten die massiven Vorwürfe im gleichen Fakultätsbeschluß freilich schlecht: Gumbel wurde bescheinigt, daß seine Zugehörigkeit zur Fakultät „ihr als durchaus unerfreulich erscheint", er habe „die nationale Empfindung tief gekränkt, der Idee der nationalen Würde, die die Universität auch zu vertreten hat, ins Gesicht geschlagen".

1930 entbrannte der Streit erneut, als die Mehrheit von Fakultät und Engerem Senat gegen die Verleihung des Professorentitels an Gumbel protestierte; allerdings sprach sich der Senat zugleich gegen Versuche der Heidelberger Studentenschaft aus, ein „Volksbegehren" unter der Bevölkerung zu veranstalten, um Gumbel aus dem Amt zu entfernen. Als dieser 1932 in pointiert-satirischer Zuspitzung eine Kohlrübe – Anspielung auf den Steckrübenhungerwinter 1916/17 – für das die Schrecken des Krieges am besten widerspiegelnde Kriegerdenkmal erklärte, wurde wiederum ein Verfahren gegen ihn von der Philosophischen Fakultät eingeleitet. Ein Untersuchungsausschuß entschied gegen Gumbel, der von Radbruch verteidigt wurde – ebenso einstimmig, gegen die einzige Stimme Jaspers', die Philosophische Fakultät und der Engere Senat. Das Ministerium entsprach dem Antrag auf Entziehung der Venia legendi im August 1932 – damit war in Heidelberg das Recht auf freie Meinungsäußerung des Hochschullehrers aus sachfremden politischen Gründen empfindlich verletzt worden.

Vom Fall Dehn war dagegen 1931 vor allem die Theologische Fakultät betroffen. Der Berliner Pfarrer Günther Dehn hatte Ende 1930 einen Ruf auf das Ordinariat für Praktische Theologie erhalten. Nachdem er 1928 wegen angeblicher, von ihm aber glaubhaft bestrittener Äußerungen über die Kriegstoten in einer Rede in Magdeburg von der Rechtspresse heftig angegriffen worden war, erneuerten sich diese Angriffe nach Annahme des Rufes. Die Heidelberger Theologen kapitulierten vor der nationalistischen Hetze und zogen „nach den der Fakultät erst jetzt bekannt gewordenen Magdeburger Vorgängen" ihren Berufungsvorschlag zurück. Die Begründung war unglaubhaft und fadenscheinig – eigentliches Motiv war die Angst vor einem zweiten Fall Gumbel. Damals hat Martin Dibelius die Ehre der Fakultät gerettet. In einem Sondervotum erteilte er seinen Kollegen, die vor „Studentengruppen, unkundig und unkritisch", zurückgewichen seien, eine eindrucksvolle Belehrung: „Ich bin ... nicht in der Lage, Opportunitätsgründen Gehör zu geben, wenn das Recht eines künftigen Professors in Frage gestellt ist, seiner Überzeugung in den Grenzen des Taktes freien Ausdruck zu geben. Ich müßte meine Theologie, meine wissenschaftliche Ehre und mein ganzes bisheriges Leben verleugnen, wenn ich in diesem Punkte verzichten wollte." Während der Engere Senat der Fakultät zustimmte, protestierten 27 namhafte Heidelberger Professoren gegen das Verfahren und unterstützten Dibelius; zu ihnen gehörten von Baeyer, Grisebach, Gundolf, Gutzwiller, Hampe, Hellpach, Hoffmann, Jaspers, Jellinek, Lederer, Radbruch, Ranke, Regenbogen, Täubler, Weber, Weizsäcker und Wilmanns.

Die innere Entwicklung der Universität in den zwanziger Jahren wurde von den Studenten und dem Wirken bedeutender Gelehrter bestimmt. Die Zahl der in Heidelberg Studierenden stieg – mit geringen Einbrüchen – zwischen 1919 und 1933 kontinuierlich an, im Sommersemester 1932 waren über 4000 Studenten immatrikuliert. Heidelberg blieb aber eine Sommeruniversität, die Schwankungen zwischen Sommer- und Wintersemester betrugen bis zu 800. Bis 1930 war die Philosophische Fakultät am meisten besucht, seither stand die Medizinische an der ersten Stelle. Für die Studenten bestand seit 1919 in Gestalt der „Studentenschaft" eine Zwangsorganisation, als Vertretung wurde jährlich ein Allgemeiner Studentenausschuß (AStA) gewählt. Fachschaften der einzelnen Studienfächer und politische Hochschulgruppen bestritten die Wahlkämpfe. Nachdem 1924 erstmals deutsch-völkische Gruppen die Mehrheit im AStA erhalten hatten, wurde eine neue Verfassung ausgearbeitet, die „Nichtarier" von der Zugehörigkeit zur „Heidelberger Studentenschaft" ausschloß. Da das Ministerium diese Bestimmung ablehnte, trat die Verfassung nicht in Kraft. Eine neue Verfassung von 1925 ohne ein solches völkisches Zugehörigkeitskriterium trug Heidelberg dann andererseits den Ausschluß aus der „Deutschen Studentenschaft" ein. Eine politische Beruhigung trat nur vorübergehend ein – im Wintersemester 1930/31 errang der Nationalsozialistische Deutsche Studentenbund (NSDStB), der in Heidelberg erst seit 1928 Veranstaltungen abhielt, 60,9% der Stimmen. Wegen ihres Verhaltens im Zusammenhang mit dem Fall Gumbel wurde die Studentenschaft als Organisation 1931 vom Kultusministerium aufgelöst, ein Jahr später aber wieder zugelassen, um sofort erneut unter rechtsradikale Führung zu geraten.

Daß Heidelberg nicht eine beliebige deutsche Universität war, zeigen auch die materiellen Ansprüche, die an den Studenten gestellt wurden. Das Leben hier galt als teuer. In den Universitätskalendern nach der Inflationszeit werden als monatliche Mindestlebenshaltungskosten ohne Kolleggelder zwischen 110 RM (1927/28 und 1932) und 130 RM (1931) angegeben, davon für Miete 30–35 RM – Wohnen außerhalb der Stadt bedurfte der Genehmigung durch den Rektor. Um die materiellen Nöte der Studenten zu lindern, waren schon seit Kriegsende beträchtliche Anstrengungen unternommen worden. Die sozialen Aktivitäten unterstanden ab 1922/23 dem „Verein Studentenhilfe Heidelberg" mit Zwangsmitgliedschaft für alle Studenten. Das Zeughaus (Marstallgebäude) wurde seit 1920 mit Turnhalle und Fechträumen für Zwecke der Studentenschaft umgebaut und 1921 die Mensa academica in Betrieb genommen, die der Rektor Liebmann im Rechenschaftsbericht 1926 als „den Stolz unserer Universität, die Glanzleistung, die von keiner anderen deutschen Hochschule erreicht wird", bezeichnete. Das Essen kostete 50 Pf. Mit dem Sibley-Haus, einer amerikanischen Schenkung, verfügte die Universität seit 1926 über ihr erstes Wohnheim. Zur Unterstützung der Universität fand sich 1921 die „Gesellschaft der Freunde der Universität Heidelberg" (seit 1949: Universitätsgesellschaft) zusammen, die bis heute eine höchst verdienstvolle Tätigkeit ausübt. Um Gönnern und Stiftern angemessen danken zu können, wurden die Würden eines Ehrenbürgers und Ehrensenators eingeführt; erster Ehrenbürger war 1920 Fritz Behringer, Mitinhaber der Firma Oetker, der 500 000 Mark zur Errichtung eines Instituts für Eiweißforschung gestiftet hatte.

Neuerungen im akademischen Leben waren die 1924 eingeführten Antrittsvorlesungen, mit denen sich die neuberufenen Ordinarien der Universitätsöffentlichkeit vorstellten, die seit 1922 mögliche Promotion zum „Doktor der Staatswissenschaften" (Dr. rer. pol.), für dessen Verleihung eine „Staatswissenschaftliche Kommission" aus Vertretern der Philosophischen und Juristischen Fakultät gebildet wurde, und die seit Mitte der zwanziger Jahre abgehaltenen Ferienkurse für Ausländer.

Neue Institute wurden nach der großen Gründungswelle in den letzten Jahrzehnten vor dem Kriege kaum mehr errichtet, es sei denn in Aufgliederung oder Abspaltung von bereits bestehenden Seminaren. Alte und neue Forschungsdisziplinen fanden mit dem Institut für Gerichtliche Medizin (1927 gegründet) und dem Slawischen Institut (1931 gegründet) einen festen organisatorischen Rahmen. 1921 gelang es mit Hilfe einer Stiftung, ein Musikwissenschaftliches Seminar zu begründen, nachdem schon 1898 der Universitätsmusikdirektor Philipp Wolfrum (1851–1919) eines der ersten Extraordinariate für Musikwissenschaft in Deutschland erhalten hatte. Gleichfalls einer Stiftung – auf Anregung des Vereins Deutscher Zeitungsverleger – verdankte das 1927 gegründete Institut für Zeitungswesen (seit 1933: für Zeitungswissenschaft, seit 1945: für Publizistik, 1960 aufgegangen im Institut für Soziologie und Ethnologie) seine Existenz; Hans Felix von Eckardt (1890–1957, 1927–1933 und seit 1945 Institutsdirektor) übernahm das mit dem Institut verbundene Extraordinariat. 1931 schließlich wurde das Institut für Leibesübungen gegründet, das die verschiedenen Aktivitäten des Hochschulsports zusammenfassen sollte.

Als äußerst unbefriedigend hatte die Universität schon vor dem Ersten Weltkrieg ihre Gebäudesituation empfunden. In einer Denkschrift von 1911 riet der damalige Prorektor von Schubert der badischen Regierung, möglichst viel Land im Neuenheimer Feld zu kaufen: „Sieht man auf weit hinaus, so kann es doch kaum einem Zweifel unterliegen, daß später einmal alles auf das rechte Neckarufer hinübergelegt werden muß, die ganze Medizin und die ganze Naturwissenschaft, wenn auch vielleicht erst in 50 Jahren." In der Tat begann Karlsruhe sofort mit Geländeankäufen. Als erste Universitätseinrichtung ist 1914/15 der Botanische Garten ins Neuenheimer Feld verlegt worden; auf seinem bisherigen Areal entstand der 1922 eingeweihte Neubau der Medizinischen Klinik (Ludolf-Krehl-Klinik). Die ersten Bauten im Neuenheimer Feld wurden für das Kaiser-Wilhelm-Institut für Medizinische Forschung (1930) und 1933–1939 für die Chirurgische Klinik errichtet.

Die Klagen von 1911 nahm die Universität 1925 in ihrer „Denkschrift über die Mißstände, vornehmlich baulicher Art" wieder auf. Verlangt wurden umfangreiche Neubauten; zumal „der größte Teil der klinischen Institute muß als durchaus veraltet bezeichnet werden und bleibt... vielfach hinter bescheidensten Anforderungen zurück, die kleine Landkrankenhäuser erfüllen." Insgesamt: „Weitere Sparsamkeit bedeutet hier Preisgabe und Zerstörung", die Universität fürchtete um ihre Anziehungskraft und beschwor den drohenden Niedergang herauf. In der Innenstadt gelang es 1928, durch die Übersiedlung der Institute für Altertumswissenschaften in den neuerworbenen Weinbrennerbau am Marstallhof eine gewisse Entlastung herbeizuführen, es fehlten aber immer noch Hörsäle und Räumlichkeiten für andere Seminare. Schon 1925 verlangte die Universität den Ausbau des Neuen Kollegienhauses bis zum Hexenturm, aber erst, als 1928 der amerikanische Botschafter in Deutschland Jacob Gould Shurman, ein ehemaliger Heidelberger Student, in den USA 500 000 Dollar für ein neues Hörsaalgebäude aufgebracht hatte, konnte an ein großangelegtes Bauvorhaben gegangen werden. Das Neue Kollegienhaus wurde abgerissen, an seiner Stelle entstand nach einem Entwurf des Danziger Architekten Carl Gruber die Neue Universität, deren Hauptbau 1931 mit einer Festrede Heinrich Rickerts über „Die Heidelberger Tradition in der deutschen Philosophie" eingeweiht wurde. Die Fassade erhielt als plastischen Schmuck eine Pallas Athene von Karl Albiker, auf Vorschlag Gundolfs wurde gegen manchen Widerstand die Inschrift „Dem lebendigen Geist" gewählt. Die vor allem für Institute bestimmten Seitenflügel waren bis zum Wintersemester 1933 fertiggestellt, von der vorhandenen Bausubstanz der Hexenturm und das Seminarienhaus in den Gesamtkomplex integriert.

Die wissenschaftliche Anziehungskraft und Ausstrahlung der Universität war in den zwanziger Jahren ungebrochen – das gilt, wenn auch mit Unterschieden, für alle Fakultäten. Die Universität bestimmte zu ihrem Teil das besondere geistige Klima, das Heidelberg auch in dieser Zeit noch auszeichnete. Max Gutzwiller hat dazu in seinen Erinnerungen festgehalten: „Überall spürte man Bewegung und die entsprechende Aufnahmebereitschaft, Elastizität und Vielseitigkeit; aber auch selbstverständliche Phantasie, eine künstlerisch anmutende Weite und ein allgemeines ‚artiges' Wesen." Gundolf, Edgar Salin, der sich 1920 für Staatswissenschaften habilitierte, und andere Jünger zogen Stefan George weiterhin nach Heidelberg, die Erinnerung an Max Weber wirkte weiter und über den von seiner Witwe gesammelten Kreis hinaus, vor allem von Jaspers verehrend gepflegt.

Den Geist, der die Philosophische Fakultät prägte, hat Ludwig Curtius als „Verbindung von Philosophie, Geschichte und Gesellschaftswissenschaft" gekennzeichnet. Die modernen sozialwissenschaftlichen Forschungsansätze und Fragestellungen fanden ihren Bezugspunkt im Institut für Sozial- und Staatswissenschaften, das unter der Leitung Alfred Webers stand. Weber verstand sein Institut, dem das Institut für Zeitungswesen thematisch und personell eng verbunden war, als Verbindungsglied zwischen Universität und Öffentlichkeit; die berühmten „Soziologischen Abende" waren für junge Gelehrte ein besonderer Anziehungspunkt. Neben Weber wirkte als Nachfolger Gotheins Emil Lederer (1882–1939, seit 1920 a.o. Prof., 1923–1931 ord. Professor in Heidelberg), dessen Interessen über die Wirtschaftstheorie und -politik hinaus sich auf zahlreiche Gebiete der Sozialwissenschaften erstreckten. Lederer war ein ausgesprochen „politischer Professor", Sozialist austromarxistischer Prägung und Mitglied von Sozialisierungskommissionen. Als er nach Berlin ging, wurde Carl Brinkmann (1885–1954, seit 1923 persönlicher Ordinarius, 1931–1942 ord. Professor in Heidelberg) sein Nachfolger. Ohne große theoretische Begabung oder Neigung, war Brinkmann ein universeller Sozialwissenschaftler, der in vielen Arbeiten Volkswirtschaft, Soziologie und Geschichte verband. 1937 erschien seine Biographie Gustav Schmollers. Zu den Wissenschaftlern, die für kürzere oder längere Zeit am Institut tätig waren, zählen Emil Gumbel, Arnold Bergsträsser, Karl Mannheim, Arthur Salz, Herbert Sultan und Marie Baum. Es zeugt für den Geist des Instituts, daß von den 12 an ihm und am Institut für Zeitungswesen tätigen Lehrkräften nach der Säuberung von 1933 nur noch 3 übrig blieben.

Die faszinierendste und vielverehrte Persönlichkeit der Philosophischen Fakultät dieser Zeit war fraglos Friedrich Gundolf. Sein Kollege Regenbogen hat einfühlsam das Außergewöhnliche Gundolfs gewürdigt: „Seinem Genie paarte sich die menschliche Güte, die Fähigkeit, einzugehen auf den anderen, seine immer wache Freude, anzuerkennen und gelten zu lassen, die Heiterkeit und Anmut eines in sich beruhenden Wesens, das Bedürfnis nach Freundschaft und Liebe, und endlich die tiefe und echte Bescheidenheit, die den Abstand von der eigenen Leistung zu nehmen wußte." Gundolfs umfangreiches Werk kreiste um Caesar, Shakespeare, Goethe; dazu kam die Verehrung Stefan Georges. Sein unerwartet früher Tod 1931 hat allgemeine Bestürzung und Trauer ausgelöst, ihn aber vor den Schrecken der nun folgenden Jahre bewahrt. Als das moralische Gewissen der Fakultät verstand sich Karl Jaspers, der sich mehr als jeder andere bemühte, die Idee der Universität als „Instanz der Wahrheit" gegenüber allen politischen Zumutungen und Versuchungen zu bewahren. Jaspers, der sich 1913 in der Philosophischen Fakultät mit einer bahnbrechenden Arbeit über „Allgemeine Psychopathologie" für Psychologie habilitiert hatte, war seit 1921 neben Rickert Ordinarius für Philosophie. Wie Gundolf wirkte er als Persönlichkeit und Lehrer in Anziehung – anders als Gundolf aber auch in Abstoßung – stark auf Kollegen und Studenten. Nach der Veröffentlichung der „Psychologie der Weltanschauungen" 1919 bereitete er in jahrelanger Arbeit seine „Philosophie" vor, die 1932 in 3 Bänden erschien und deren Absicht es war, „in der geistig bescheidenen Gegenwart eine Gestalt des ewigen Philosophierens nach seinem gesamten Umfang zu finden."

Zu den Neuberufungen der zwanziger Jahre gehörte Ernst Hoffmann (1880–1952, seit 1922 in Heidelberg, 1935–1945 zwangsemeritiert), der einen Lehrstuhl für Philosophie und Pädagogik erhielt. Hoffmann war kein originärer Philosoph, wie ihn Freiburg mit Heidegger und Köln mit Scheler besaßen, aber ein vorzüglicher Philosophiehistoriker, der die Cusanus-Edition der Akademie betreute und sich vor allem mit mittelalterlichem Platonismus beschäftigte. Archäologie vertrat als Nachfolger Duhns Ludwig Curtius (1874–1954, 1922–1928 in Heidelberg), zugleich strenger Wissenschaftler und

Künstlernatur, zu dessen Hauptwerken u. a. „Die Wandmalerei Pompejis" (1929 erschienen) und die Beiträge zum „Handbuch der Kunstwissenschaft" gehören. Mit seinen Lebenserinnerungen „Deutsche und antike Welt" (1950) hat Curtius sich und seiner Zeit ein würdiges Denkmal gesetzt. Nach seiner Ernennung zum Direktor des Deutschen Archäologischen Instituts in Rom wurde Arnold von Salis (1881'–1958, 1929–1940 in Heidelberg) sein Nachfolger. Den Lehrstuhl für Alte Geschichte übernahm nach der Emeritierung Domaszewskis Eugen Täubler (1879–1953, seit 1925 in Heidelberg, 1934 in Ruhestand versetzt), der letzte Assistent Mommsens und ebenso sehr Orientalist wie Althistoriker, der als Zionist bewußt aus seinem Judentum heraus lebte. Als Historiker fühlte er sich einem universalhistorischen Ansatz verpflichtet und lehrte nach einem Selbstzeugnis „mit der Zeit das ganze Gebiet von den Anfängen der Vorgeschichte bis zu den Ausgängen des Altertums".

Als Hermann Oncken nach sechzehnjähriger Tätigkeit in Heidelberg einem Ruf nach München folgte, wurde Willy Andreas (1884–1967, 1923–1945/47 in Heidelberg) als Neuhistoriker berufen, ein anregender akademischer Lehrer und ein außerordentlich vielseitiger Geschichtsschreiber, der die Gabe des Erzählens und der anschaulichen Schilderung besaß, ohne darüber die quellennahe Einzelforschung zu vernachlässigen. Sowohl als Verwaltungs- wie als politischer und Kulturhistoriker hat Andreas Bedeutendes geleistet. Kunstgeschichte lehrte als Nachfolger Carl Neumanns August Grisebach (1881–1950, seit 1930 in Heidelberg; 1937–1945 zwangspensioniert), der vor allem als Architekturhistoriker hervorgetreten ist. Sein Hauptwerk über „Die Kunst der deutschen Stämme und Landschaften" konnte allerdings erst nach dem Ende des Dritten Reiches erscheinen. Vorzüglich besetzt war die Klassische Philologie. Karl Meister (1880–1963, seit 1921 in Heidelberg) verband in seinen Arbeiten philologische und sprachwissenschaftliche Betrachtungsweise; die homerische Kunstsprache, römische Eigennamen, Plautus, Horaz und Tacitus waren gleichermaßen Gegenstand seiner Untersuchungen. Otto Regenbogen (1891–1966, seit 1925 in Heidelberg; 1935–1945 beurlaubt und zwangspensioniert) erstreckte seine Forschungen von der Beschäftigung mit der griechischen Wissenschaft bis zur Interpretation antiker Autoren, vor allem Lukrez und Seneca. Auch als akademischer Lehrer besaß er große Anziehungskraft.

Den Lehrstuhl für deutsche Philologie übernahm 1919 Friedrich Panzer (1870–1956), dessen Hauptforschungsgebiet Heldensage und Märchendichtung war, daneben Philologie und Interpretation des Nibelungenlieds. Leonardo Olschki (1885–1961, seit 1918 a.o., seit 1924 ord. Professor in Heidelberg, 1933 entlassen) und Ernst Robert Curtius

(1886–1956, 1924–1929 in Heidelberg) vertraten die romanische Philologie, Olschki mit Forschungsschwerpunkt auf dem französischen Mittelalter und der Geistes- und Kulturgeschichte Italiens, Curtius mit Arbeiten zur neueren Geistesgeschichte Frankreichs – 1925 erschien sein Werk „Französischer Geist im neuen Europa". Psychologie las nach seinem Ausscheiden aus der aktiven Politik 1926 Willy Hellpach (1877–1955) als ordentlicher Honorarprofessor, der zum Mitbegründer der Geopsychologie geworden ist und zahlreiche Arbeiten zur Sozial-, Kultur- und Religionspsychologie veröffentlicht hat. Heinrich Zimmer (1890–1943, seit 1924 apl. Prof. für Indologie in Heidelberg, 1938 entlassen) führte die Tradition von Creuzer und Rohde fort, indem er sich mit der Erschließung und Deutung des indischen Mythos beschäftigte.

Die Juristische Fakultät, die nach dem Urteil Gutzwillers damals „eine der berühmtesten Fakultäten Deutschlands war", verstärkte mit der Rückkehr von Gustav Radbruch (1878–1949, 1904–1914 und seit 1926 in Heidelberg, 1933 entlassen) ihre demokratisch-republikanische Profilierung, die sie durch Anschütz, Heinsheimer und Thoma bereits besaß. Radbruch war Sozialdemokrat, war 1921/22 und 1923 Reichsjustizminister gewesen und bekam dasselbe Amt nochmals 1928 angeboten. Mit ihm gewann Heidelberg außer einem Rechtspraktiker einen Rechtsphilosophen von hohem Rang, der vom Rechtspositivismus ausging und es als Aufgabe der Wissenschaft ansah, den „Relativismus innerlich zu befestigen", demzufolge „keine Welt- und Wertanschauung, keine Staatsauffassung und Parteieinsicht beweisbar, keine widerlegbar ist" (1926). Allerdings sollte diese Skepsis und Toleranz eine eigene Stellungnahme nicht ausschließen, nur war streng zwischen Gesinnung und Erkenntnis zu unterscheiden. Unter dem Eindruck des Unrechtsstaates wandelte sich dann seine Einstellung; er forderte nun die Rückbesinnung auf das Natur- und Vernunftrecht als „ein übergesetzliches Recht, an dem gemessen das Unrecht Unrecht bleibt, auch wenn es in die Form des Gesetzes gegossen ist".

Radbruch kam als Nachfolger von Alexander Graf zu Dohna (1876–1944, 1920–1926 in Heidelberg), der wie jener parteipolitisch engagiert und für die DVP Mitglied der Nationalversammlung von 1919 gewesen war. Er gehörte auch zum Weimarer Kreis. 10 Jahre lehrte der bekannte Rechtshistoriker Heinrich Mitteis (1889–1952, 1924–1934 in Heidelberg) an der Heidelberger Fakultät; in dieser Zeit entstand sein berühmtes Buch über „Lehnrecht und Staatsgewalt" (1933 erschienen). Max Gutzwiller (geb. 1889, seit 1926 in Heidelberg, 1936 vorzeitig emeritiert) vertrat Römisches Recht und Deutsches bürgerliches Recht, ebenso Ernst Levy (1881–1968, seit 1928 in Heidelberg, 1935 entlassen, 1951 rehabilitiert) als Nachfolger von Gradenwitz. Walter Jellinek (1885–1955, seit 1929 in Heidelberg, 1935 entlassen, 1945 zurückgekehrt) wurde anstelle Thomas für Öffentliches Recht berufen; von ihm stammt die letzte große systematische Darstellung über das Verwaltungsrecht des liberalen Rechtsstaats (1928 erschienen). Eugen Ulmer (geb. 1903, 1930–1955 in Heidelberg) erhielt das Ordinariat für Deutsches und Ausländisches Privatrecht, die Verbindung zwischen Theorie und Praxis stellte als Honorarprofessor Karl Geiler (1878–1953, seit 1921 in Heidelberg, 1939 Entzug der Lehrbefugnis, 1947 zurückgekehrt) her, dessen Hauptarbeitsfeld das Gesellschaftsrecht war. Für Arbeitsrecht und Bürgerliches Recht war seit 1928 Wilhelm Groh zuständig, der sich als Heidelberger Rektor von 1933–1937 einen unrühmlichen Namen gemacht hat.

Die Theologische Fakultät besaß mit Martin Dibelius (1883–1947, seit 1915 in Heidelberg) einen international bekannten Wissenschaftler, der als erster die moderne religionsgeschichtliche Forschung für die Untersuchung der urchristlichen Literatur fruchtbar machte; 1919 erschien seine bahnbrechende programmatische Arbeit: „Die Formgeschichte des Christentums". Mit „Geschichte und übergeschichtliche Religion im Christentum" (1925) wandte Dibelius sich Problemen des urchristlichen Ethos zu. Neben ihm ist vor allem Walther Köhler (1870–1946, seit 1929 in Heidelberg) zu nennen, der die von seinem Vorgänger von Schubert begründete reformationsgeschichtliche Tradition Heidelbergs weiterführte und wichtige Arbeiten über Zwingli, Luther, den Abendmahlsstreit und die Kirchenverfassung in der Schweiz und in Südwestdeutschland vorlegte. Auch als Editor hat Koehler Bedeutendes geleistet. Als einer der ersten hat er zudem die historische Bedeutung der Täufer ins rechte Licht gerückt. Anstelle Günther Dehns erhielt Renatus Hupfeld (1879–1968, seit 1931 in Heidelberg) den Lehrstuhl für praktische Theologie; er beschäftigte sich besonders mit Fragen der Liturgiewissenschaft und begleitete das jeweils aktuelle theologische Gespräch.

In vielen Fächern vorzüglich besetzt war die Medizinische Fakultät, die ihre große Tradition aus dem 19. Jahrhundert ungebrochen fortführte. Krehl leitete die Medizinische Klinik bis 1931, sein Nachfolger wurde Richard Siebeck (1883–1965, 1931–1934 und seit 1941 in Heidelberg), der seinen wissenschaftlichen Ruf mit Arbeiten über Erkrankungen der Niere begründet hatte. Seine Auffassung vom Sinn ärztlichen Tuns glich der Krehls; auch für Siebeck stand der ganzheitliche kranke Mensch im Mittelpunkt, nicht die Krankheit, und er suchte mit einer „biographischen Anamnese" die Zusammenhänge der Krankheit des Individuums aufzudecken. Bei dieser Konzeption arbeitete er eng mit Viktor von Weizsäcker (1886–1957, 1922–1941 und seit 1946 in Heidelberg) zusammen, der als Vertreter der Neurologie die Nervenabteilung der Medizinischen Klinik leitete. Weizsäcker entwickelte Krehls Vorstellungen zur „anthropologischen Medizin" weiter, die der Aufdeckung der außengesteuerten Bedingungen von Krankheit dient; er hat auch um die wissenschaftliche Begründung der Psychosomatik große Verdienste. Nach seiner Rückkehr nach Heidelberg wurde für seine Forschungsinteressen ein eigener Lehrstuhl für Allgemeine Klinische Medizin errichtet.

Polikliniker war seit 1928 Curt Oehme (1883–1963), der vor allem über innere Sekretion, Mineral- und Wasserstoffwechsel arbeitete. Die Reihe der berühmten Heidelberger Chirurgen von Chelius bis Czerny setzte Eugen Enderlen (1863–1940, seit 1918 in Heidelberg) fort, ein vorzüglicher Operateur und Mitbegründer der modernen Technik der Kropfoperation. Seine wissenschaftlichen Arbeiten konzentrierten sich auf Probleme der Gefäß- und Organtransplantation sowie Fragen der Magen-, Gallen- und Darmchirurgie. Eine enge Freundschaft und Zusammenarbeit verband Enderlen mit Krehl.

Die Pädiatrie erhielt mit Ernst Moro (1874–1951, seit 1911 a.o. Professor) 1919 ihren ersten Lehrstuhl; sein wichtiges Werk über das kindliche Ekzem erschien 1932. Wie Moro wurden auch Siegfried Bettmann (1869–1939, seit 1908 a.o. Professor, 1935 entlassen) und Werner Kümmel (1866–1930, seit 1902 a.o. Professor) 1919 zu Ordinarien ernannt, dieser für HNO-Krankheiten, jener für Haut- und Geschlechtskrankheiten. Damit hatten sich diese Gebiete auch nach außen hin als eigenständige medizinische Disziplinen etabliert. Die Zahnheilkunde vertrat seit 1924 Georg Blessing (1882–1941, 1935 zwangsemeritiert). Die psychiatrische Klinik leitete Karl Wilmanns (1873–1945, seit 1918 in Heidelberg), der sich intensiv den Problemen widmete, die die Asozialen der Psychopathologie stellen; als geistig völlig unabhängiger Mann, der von Berufs wegen fachlich fundierte Kritik an den Führern der nationalsozialistischen Partei übte, wurde er 1933 sofort aus dem Dienst entfernt. Anatomie lehrte als Nachfolger von Braus Erich Kallius (1867–1935, seit 1921 in Heidelberg), der wie sein Vorgänger vor allem über vergleichende Entwicklungslehre arbeitete; pathologische Anatomie vertrat seit 1928 Alexander Schmincke (1877–1953), ein glänzender Diagnostiker, dessen besonderes Forschungsinteresse der Tuberkulose und der Pathologie des zentralen Nervensystems galt. Emil Gotschlich (1870–1949, seit 1926 in Heidelberg), Nachfolger Kossels als Ordinarius für Hygiene, war aufgrund langjähriger Auslandserfahrung Experte für außereuropäische Infektionskrankheiten und Seuchenhygiene. Die wissenschaftliche Abteilung des von Czerny gegründeten Instituts für experimentelle Krebsforschung leitete seit 1920 Hans Sachs (1877–1945, 1935 entlassen), der wichtige Beiträge zur Immunitäts- und Serumforschung geleistet hat. Czernys Schüler Richard Werner (1875–1943, 1906 habilitiert, 1934 entlassen) war seit 1916 Direktor des Samariterhauses; er erfand eine neue Behandlungsmethode der Bewegungsbestrahlung. Mit Otto Meyerhof (1884–1951, seit 1929 in Heidelberg, 1935 als ord. Honorarprofessor entlassen) gewann das Institut für Physiologie am Kaiser-Wilhelm-Institut für Medizinische Forschung einen Nobelpreisträger als Direktor, dessen Arbeiten vor allem der Erforschung des Zuckerstoffwechsels galten.

Auch die Naturwissenschaftlich-mathematische Fakultät war in den zwanziger Jahren bemüht, mit Neuberufungen das Ansehen ihrer Fächer zu bewahren und neue Forschungsschwerpunkte zu setzen. Zu Max Wolf, Lenard und Salomon-Calvi trat als Mathematiker Heinrich Liebmann (1874–1939, seit 1920 in Heidelberg, 1935 zwangsemeritiert), der insbesondere durch Arbeiten über synthetische, euklidische und Differentialgeometrie bekannt geworden ist; 1934 erschien sein Handbuch „Synthetische Geometrie". Neben ihm wirkte seit 1922 Arthur Rosenthal (1887–1960) als a.o. Professor für angewandte Mathematik (seit 1930 persönlicher Ordinarius, 1935 gleichfalls zwangsemeritiert), ein hochgeschätzter akademischer Lehrer. Nachfolger von Theodor Curtius wurde Karl Freudenberg (1886 geb., seit 1926 in Heidelberg), dessen umfangreiches wissenschaftliches Oeuvre vor allem Probleme der Stereochemie und der polymeren Naturstoffe behandelt. 1938 begründete Freudenberg ein besonderes Forschungsinstitut für die Chemie des Holzes und der Polysaccharide. Aus dem Chemischen Institut wurde 1928 die Abteilung für Physikalische Chemie als selbständiges Institut ausgegliedert; sein erster Leiter war Max Trautz (1880–1960, 1910–1934 in Heidelberg). Direktor des Instituts für Chemie am Institut für Medizinische Forschung und Honorarprofessor an der Universität war seit 1929 Richard Kuhn (1900–1967), der 1938 den Nobelpreis für Chemie erhielt und dessen besonderes Forschungsinteresse biochemisch-biologischen Fragen und Problemen der allgemeinen organischen Chemie galt.

Den Lehrstuhl für Physik übernahm nach der Emeritierung Lenards gegen dessen Widerspruch Walther Bothe (1891–1957, seit 1932 in Heidelberg), der aber unter dem Eindruck politischer Schikanen das Ordinariat bereits 2 Jahre später wieder aufgab, um das Institut für Physik am Institut für Medizinische Forschung zu übernehmen. Sein Nachfolger wurde August Becker (1879–1953, 1934–1945 ord. Professor in Heidelberg), ein Schüler Lenards, der lange Jahre das Extraordinariat für theoretische Physik als Nachfolger von Friedrich Pockels innegehabt hatte und völlig im Dienst und im Schatten Lenards stand.

Botanik vertrat Ludwig Jost (1865–1947, seit 1919 in Heidelberg), der durch ein vielbenutztes Lehrbuch „Vorlesungen über Pflanzenphysiologie" bekannt geworden war. Jost beschäftigte sich vor allem mit den Fragen der Entwicklungsphysiologie und hatte auch als Lehrer großen Erfolg und Einfluß. Der Nachfolger Bütschlis auf dem Lehrstuhl für Zoologie, Curt Herbst (1866–1946, seit 1919 Ordinarius in Heidelberg), arbeitete gleichfalls auf dem Gebiet der Entwicklungsphysiologie und über die Formbildung; von ihm stammen grundlegende Arbeiten über die physikalischen und chemischen Prozesse in der Zelle. Otto Heinrich Erdmannsdörffer (1876–1955, seit 1926 in Heidelberg), Sohn des Heidelberger Historikers und Schüler von Rosenbusch, löste Ernst Anton Wülfind (1860–1930, seit 1908 in Heidelberg) ab, der exakte optische Methoden in die Petrographie eingeführt hatte. Erdmannsdörffer war Beobachter und Experimentator, kein Theoretiker; seine Arbeiten galten der Geologie deutscher Mittelgebirge. In seiner Heidelberger Zeit beschäftigten ihn vor allem petrogenetische Fragen.

Die Jahre der NS-Herrschaft haben diesem glanzvollen Lehrkörper tiefe Wunden geschlagen und das Ansehen der Heidelberger Universität in der internationalen Gelehrtenwelt verdunkelt. An Warnungen vor dem freiheits- und wissenschaftsfeindlichen Extremismus hatte es nicht gefehlt. Während Jaspers Ende 1931 eine distanzierte kritisch-analytische Bestandsaufnahme unter dem Titel „Die geistige Situation der Zeit" vorlegte, kämpfte der damals bereits in Bonn lehrende Ernst Robert Curtius sehr viel unmittelbarer gegen die wachsende Bedrohung mit seinem Aufruf „Deutscher Geist in Gefahr" (1932 erschienen). Schon im November 1930 hatten Anschütz und Radbruch mit einer neuen Tagung staats- und verfassungstreuer Hochschullehrer ein Zeichen setzen wollen: „Es muß der einem hemmungslosen Radikalismus immer mehr verfallenden Studentenschaft gezeigt werden, daß ihre Lehrer dem Sturme standhalten und zur Verfassung stehen, es muß besonders auch den zaghafteren Kollegen ein Beispiel dafür gegeben werden, daß jetzt nicht die Zeit zu vorsichtiger Zurückhaltung ist." Aber diese Anregung fand nicht mehr genügend Unterstützung, und die Initiatoren mußten eine „immer mehr um sich greifende politische Apathie" bei ihren Kollegen beklagen. Die Mehrheit auch der Heidelberger Professoren schwieg angesichts der Entwicklung in den letzten Jahren der Republik – resignierend gegenüber der wachsenden Radikalisierung, die sich besonders drastisch gerade bei den Studenten zeigte, oder uninteressiert an den politischen Vorgängen überhaupt oder auch in Erwartung und Hoffnung auf das Kommende, das die Universität dann mit der Wirkung eines Erdbebens traf. Nach Ludwig Curtius besaß Heidelberg seit 1933 zwei Ruinen, das Schloß und die Universität.

Hatte Heidelberg in der Weimarer Republik als demokratische Hochburg gegolten, so geriet die Universität jetzt rasch in den Ruf, eine der radikalsten, wenn nicht die NS-Universität schlechthin zu sein. Beide Urteile, das vor wie das nach 1933, waren vom Wirken bestimmter Professorengruppen bestimmt und können nicht verallgemeinert werden. Aber nach außen hin vermittelte der gründlich gewandelte neue Heidelberger Geist den Eindruck einer braunen Universität. Die äußere Anpassung vollzog sich schnell. Schon das Geleitwort des Rektors Andreas zum Universitätskalender für das Sommersemester 1933 forderte von den Studenten angesichts der „mächtigen Staatsumwälzung... die vorbehaltlose Einordnung ins Ganze der Volksgemeinschaft,... (um) an dem Werk der nationalen Erneuerung entschlossen mitzuarbeiten". Allerdings war die Anpassung noch nicht bedingungslos; Andreas mahnte die Studenten zugleich: „Verbinden Sie die hochgespannte Kühnheit Ihres nationalen Erneuerungswillens mit jener Mäßigung und dem Gefühl für das Erreichbare, die stets Zeichen echter Staatsmannschaft waren."

Die erste offizielle Veranstaltung der Universität im Dritten Reich war die Feier zum 1. Mai, auf der der Privatdozent für Geschichte Schmitthenner, zugleich badischer Staatskommissar von der Deutschnationalen Volkspartei und Major a. D., und Gustav Adolf Scheel, cand. med. und Führer der Heidelberger Studentenschaft, ein alter NSDAP-Kämpfer, den die Universität wenige Jahre später sogar zum Ehrensenator machte, die Festreden hielten. Auch der Prorektor Erdmannsdörffer fand den gewünschten neuen Ton in seiner von nationalem Pathos erfüllten Ansprache. Äußeres Zeichen der Umstellung auf die neue Zeit war die Änderung des Fassadenschmucks der Neuen Universität. Der Germanist Friedrich Panzer sah seinen alten Wunsch erfüllt, die von Gundolf formulierte Inschrift durch eine solche von „vaterländischem Klang" zu ersetzen; gewählt wurde: „Dem deutschen Geist." Die Skulptur der Pallas Athene, die nach Meinung Panzers nicht an eine deutsche Hochschule gehörte, wurde 1935 an die Rückseite des Gebäudes versetzt und statt ihrer ein Reichsadler, wenn auch wenigstens ohne Hakenkreuz, an der Vorderfront angebracht.

Die innere Umgestaltung ließ sich nicht so leicht durchführen. Zu Beginn des Wintersemesters 1934/35 stellte der Rektor Groh fest: „Die deutsche Hochschule hat die letzte Gelegenheit, ihre Lebensberechtigung innerhalb der deutschen Volksgemeinschaft zu beweisen... Daß in diesem Ringen um die innere Umgestaltung Heidelberg, so wie es im Kampf um die äußere Neuordnung geschehen, die Spitze einnimmt, ist unser Ziel." So schnell aber kam man nicht an dieses Ziel, wie die Klage des stellvertretenden Gaustudentenbundführers von 1936 zeigt: „Auch heute noch ist es nur ein kleiner Teil der Dozentenschaft, der mit der um den Sieg und Durchbruch der nationalsozialistischen Idee an der Hochschule und auf dem Gebiete der Wissenschaft kämpfenden aktiven Gemeinschaft der Studenten in Kameradschaft zusammensteht." Nur an Einzelnen finde die Studentenschaft „vollen Rückhalt und Unterstützung in jeder Beziehung". Für die Medizinische Fakultät mußte der Dekan Carl Schneider, ein alter Kämpfer, im April 1935 berichten: „Über Ansätze zur Verwirklichung einer nationalsozialistisch ausgerichteten Medizin ist die Fakultät noch nicht hinausgekommen." Um die politische Erziehung der Studenten zu verbessern und dem neuen Geist Tribut zu zollen, wurde der Mannheimer Kreisleiter zum Lehrbeauftragten in der Philosophischen Fakultät ernannt. Gegenstand seiner ersten Vorlesung im Sommersemester 1934 war: „Der Nationalsozialismus als Grundlage unserer Lebensanschauung." Weitere Lehraufträge ergingen für Geopolitik und politische Propaganda. In der Medizinischen Fakultät wurde 1934 eigens ein ordentlicher Honorarprofessor für die Aufgabe bestellt, über Erbgesundheit, Rassenpolitik u. ä. zu lehren.

Offen Widerstand gegen die Inbesitznahme der Universität durch den Nationalsozialismus gab es kaum. Alfred Weber ließ im März 1933 die auf dem Institut für Sozial- und Staatswissenschaften aufgezogene Hakenkreuzfahne herunterholen, ohne aber verhindern zu können, daß die Aktion gewaltsam wiederholt wurde. Wie Weber verhielt sich Eckardt im Institut für Zeitungswesen. Auch Andreas wies im März 1933 eine Delegation von Stahlhelm und NSDStB ab, die die Parteifahne auf der Alten Universität hissen wollte. Das Verhalten der Gegner des Regimes ist prägnant von Jaspers, allerdings aus viel unmittelbarerer Betroffenheit als dies bei seinen Kollegen der Fall war, formuliert worden: Es habe ein „Zusehen in der Ohnmacht" stattgefunden, „gegründet auf durchdachte Vorsicht, behutsam mit der Gestapo und den Nazibehörden, entschlossen, keine Handlung zu tun und kein Wort zu sagen, die nicht zu verantworten wären, aber bereit zur schuldvollen Passivität."

Die Verfassung wurde bereits im August 1933 umgestürzt – Baden verordnete seinen Universitäten als erstes Land das Führerprinzip. Der Rektor als Führer, der vom Kultusministerium auf unbestimmte Zeit ernannt wurde, erhielt alle Kompetenzen von Engerem und Großem Senat; er ernannte die Dekane, die ihrerseits Führer ihrer Fakultäten wurden. Die Universitätsgremien blieben als bloße Beratungsorgane bestehen; zur Fakultät gehörten jetzt alle Dozenten, gleich welchen Universitätsranges, ebenso die Emeriti und Vertreter der Assistenten. Das auf Wahlen beruhende Selbstverwaltungsrecht, das die Universität seit ihrer Gründungszeit besaß, war mit der neuen staatlichen Reglementierung an der Wurzel getroffen. In einer Denkschrift an das Ministerium hat Andreas im September 1933 kurz vor Ende seines Rektorats als „unerbetener, freimütiger Ratgeber" gegen die neue Universitätsverfassung gewichtige Einwände vorgebracht. Er fürchtete vor allem die übergroße Bürokratisierung und hob demgegenüber den Nutzen des Selbstbestimmungsrechts der Hochschulen hervor. In deutlichen Worten, wenn auch mit manchen, vermutlich sogar ernstgemeinten verbalen Konzessionen, wies Andreas auf die Unsinnigkeit der Übertragung des Führerprinzips auf die Universität hin. Er forderte für die Ordinarien die Rückgabe der beschließenden, statt nur beratenden Stimme, „wenn nicht echte und sinnvolle Verantwortung ausgeschaltet werden soll". Die Wahl der Dekane wollte er den Fakultäten belassen wissen, für die Rektorernennung dem Senat wenigstens ein Vorschlagsrecht sichern. Eine Antwort auf diese mutige Demarche, die auch den Heidelberger Dekanen und den Rektoren anderer Universitäten zugänglich gemacht wurde, ist nicht erfolgt, wohl aber wurde eine Untersuchung über den Empfängerkreis eingeleitet.

Andreas' Nachfolger Wilhelm Groh war noch vor Erlaß der neuen Verfassung regulär vom Großen Senat zum Rektor für das Studienjahr 1933/34 gewählt worden, trat sein Amt dann aber aufgrund einer Ernennung durch den Minister an. Als einziger Rektor in Deutschland schuf er zu seiner Beratung einen „Führerstab", mit dem er „die Brükke von der Universität zur Bewegung", d. h. zur Partei, herstellen wollte; daher gehörten zu ihm auch der Landesführer der Junglehrerschaft und der Führer der Studentenschaft. Wie der Jurist Groh sein Amt verstand, hat er 1935 klargemacht: „Es ist nicht Sinn der (Universitäts-)Verfassung, auf ihren Wortlaut festgelegt zu werden. Wenn es notwendig erscheint, ist der Rektor durchaus in der Lage, Anordnungen zu treffen, die der ängstliche Jurist als Kompetenzüberschreitung oder gar Verfassungsbruch bezeichnen würde." Nach Grohs Berufung ins Reichserziehungsministerium 1937 folgte als Rektor der NS-Pädagoge Krieck, der sein Amt aber schon nach einem Jahr aus Gesundheitsrücksichten aufgab. Kriecks Nachfolger wurde der Kriegshistoriker Schmitthenner, der bis 1945 an der Spitze der Universität stand und seit 1940 als badischer Kultusminister zugleich sein eigener Vorgesetzter war.

Viel Spielraum für Eigeninitiative blieb den Führer-Rektoren und Führer-Dekanen nicht, mit einer Flut von Verordnungen und Gesetzen wurden nahezu alle Bereiche des Hochschullebens staatlicher Reglementierung unterworfen. Die Gründung des Reichsministeriums für Wissenschaft, Erziehung und Volksbildung 1934 brachte eine verstärkte Zentralisierung. Vor allem die Kompetenz für alle Personalfragen zog das Berliner Ministerium an sich; auch die Ernennung der Rektoren und Dekane erfolgte seither von dort.

Anpassung und Gleichschaltung wurden von einer tiefgreifenden Säuberung des Lehrkörpers begleitet, die sich in 3 Etappen bis 1938/39 hingezogen hat. Auch auf diesem Gebiet preschte das bisherige liberale Musterland Baden vor, indem es schon am 5. April 1933 die sofortige Beurlaubung aller im öffentlichen Dienst beschäftigten „Angehörigen der jüdischen Rasse" anordnete; 2 Tage später erging dann durch das Reich das berüchtigte Gesetz zur Wiederherstellung des Berufsbeamtentums. Danach konnten politisch unzuverlässige Beamte aus dem Dienst entlassen werden; in den Ruhestand versetzt wurden alle Beamten, die „nichtarischer Abstammung" waren, sofern sie nicht bereits vor dem 1. August 1914 Beamte geworden oder Frontkämpfer waren oder aber Väter oder Söhne im Weltkrieg verloren hatten. Die zweite Phase der Säuberung folgte 1935 den Durchführungsbestimmungen zum neuen Reichsbürgergesetz; jetzt wurden alle Nichtarier unterschiedslos aus dem öffentlichen Dienst entfernt. Die dritte Welle erfaßte 1937 die „nichtarisch versippten" Beamten, die zwangspensioniert wurden. Bei nichtbeamteten Dozenten trat seit 1933 an die Stelle der Entlassung bzw. Pensionierung die Entziehung der Lehrbefugnis.

Die Säuberungen haben die wissenschaftlich-geistige Prägung der Heidelberger Universität stark verändert. Nach dem Vorlesungsverzeichnis waren im Wintersemester 1932/33 in Heidelberg 59 Ordinarien, 9 planmäßige Extraordinarien und 18 ordentliche Honorarprofessoren aktiv tätig. Davon wurden bis 1939 aus politischen oder rassischen Gründen vorzeitig emeritiert oder pensioniert bzw. entlassen: 21 Ordinarien – von diesen 8 in der ersten Phase –, 4 planmäßige Extraordinarien und 7 ordentliche Honorarprofessoren, von 86 Hochschullehrern dieser Kategorie also 32, was einem Verhältnis von über 37% entspricht. Auf die Fakultäten verteilt, ergibt sich bei den Ordinarien folgendes Bild:
Juristische Fakultät: 8 Ordinarien, davon 5 ausgeschieden, Medizinische Fakultät: 18 Ordinarien, davon 5 ausgeschieden, Philosophische Fakultät: 18 Ordinarien, davon 8 ausgeschieden, Naturwissenschaftlich-mathematische Fakultät: 9 Ordinarien, davon 3 ausgeschieden. Die Theologische Fakultät erlitt keine Verluste.

Die weitaus meisten Entlassungen erfolgten aus rassischen Gründen. Zu gewaltsamen Auftritten ist es 1933 offenbar nur gegenüber dem Zahnmediziner Blessing gekommen, gegen den unberechtigterweise persönliche Vorwürfe erhoben wurden, während eigentliches Ziel der Angriffe der „äußerst systemfeste Zentrumsmann" war, wie ihn die örtliche NS-Zeitung nannte. Blessing wurde zu Beginn des Sommersemesters 1933 durch nationalsozialistische Studenten daran gehindert, seine Vorlesung zu beginnen, und von der Polizei für 5 Tage in Schutzhaft genommen, um ihn „vor Tätlichkeiten zu schützen". Nach juristischen Schritten von seiner Seite ist er 1935 „ordnungsgemäß" emeritiert worden, wobei ihm aber das Recht, als Emeritus Vorlesungen abzuhalten, verweigert wurde. Dem ebenfalls wegen seiner politischen Überzeugung entlassenen Radbruch dankte der Rektor Andreas zwar in einem würdigen Schreiben für seine Heidelberger Tätigkeit, aber der Direktor der Universitätsbibliothek verbot ihm das Betreten der Magazine, da diese nur aktiven Dozenten und Emeriti offenstünden. Den Zwangsemeritierungen von 1935 ging im Mai ein Boykott gegen mehrere, von der NS-Studentenschaft als „untragbar" bezeichnete, zumeist jüdische Professoren voraus, wobei die Universitätsführung nichts tat, um diese Professoren zu schützen.

Die Entlassungen unter den Privatdozenten und außerordentlichen (= außerplanmäßigen, d. h. Dozenten mit Professorentitel) Professoren sind noch nicht lückenlos zu erfassen. Im Wintersemester 1932/33 lehrten in Heidelberg 115 a.o. Professoren und Privatdozenten – von ihnen sind zwischen 1933 und 1938 etwa 25 entfernt worden. Nichtarische Assistenten und wissenschaftliche Mitarbeiter gab es nur wenige; sie wurden alle 1933 entlassen. Das menschliche Leid, das mit den Entlassungen und Diskriminierungen verbunden war, braucht im Einzelnen nicht beschrieben zu werden. Sichere Positionen und erworbene Rechte waren plötzlich nichts mehr wert, wissenschaftliche Pläne wurden zunichte und hoffnungsvolle Karrieren zerstört. Vielen blieb nur die Mühsal eines Neuanfangs im Exil, andere konnten in völliger Zurückgezogenheit unter steter Gefährdung in der Heimat überdauern. Im KZ Theresienstadt starb 1943 der Mediziner Richard Werner, der Jurist Leopold Perels (1875–1954) mußte 3 Jahre die Hölle von Gurs durchleben, nachdem ihn Eugen Ulmer trotz Entzugs der Lehrerlaubnis bis 1940 aus Mitteln seines Instituts materiell versorgt hatte. Der Althistoriker Täubler, der die „Frontkämpfervergünstigung" 1933 abgelehnt hatte, suchte nach seiner vorzeitigen Emeritierung bei zahlreichen Auslandsreisen und in vielen Verhandlungen auf die den deutschen Juden drohenden Gefahren aufmerksam zu machen und Ansiedlungsgebiete und Unterstützungen zu finden. 1938 ging er an die „Hochschule für die Wissenschaft des Judentums" nach Berlin, um dann 1941 im letzten Augenblick in die USA zu entkommen, wo er am „Hebrew Union College – Jewish Institute of Religion" in Cincinnati ein Unterkommen fand. Mehrere Heidelberger folgten Angeboten aus der Türkei, dem Zufluchtsland zahlreicher deutscher Wissenschaftler, darunter Salomon-Calvi im Alter von 66 Jahren, der nachträglich noch die Lehrbefugnis als Emeritus verlor und nach Mitteilung des Heidelberger Oberbürgermeisters an die NSDAP-Kreisleitung „stillschweigend" aus der Liste der Ehrenbürger der Stadt gestrichen wurde.

Die kollegiale Solidarität fehlte den von der Säuberung Betroffenen 1933 nicht ganz. Schon am 5. April verbreitete die Medizinische Fakultät ein Memorandum an die badische Regierung, unterzeichnet vom Dekan Siebeck, das unmittelbar auf die „Judenfrage" einging und mutig dem allenthalben hochgepeitschten Antisemitismus entgegentrat: „Wir können nicht übersehen, daß das deutsche Judentum teil hat an großen Leistungen der Wissenschaft, und daß aus ihm große ärztliche Persönlichkeiten hervorgegangen sind. Gerade als Ärzte fühlen wir uns verpflichtet, innerhalb aller Erfordernisse von Volk und Staat den Standpunkt wahrer Menschlichkeit zu vertreten und unsere Bedenken geltend zu machen, wo die Gefahr droht, daß verantwortungsbewußte Gesinnung durch rein gefühlsmäßige oder triebhafte Gewalten verdrängt werde und dadurch die große deutsche Aufgabe Schaden erleide. Wir müssen darauf hinweisen, wie dringend es ist, daß das Rechtsbewußtsein erhalten bleibe und die Stellung des Beamtentums geschützt werde." Wenn „ungeeignete Elemente" ausgeschaltet werden müßten, dürfte dies nicht ohne das Urteil der Sachverständigen geschehen. Die Naturwissenschaftlich-mathematische Fakultät erklärte sich mit einer entsprechenden Stellungnahme der Universität einverstanden, der Botaniker Jost setzte sich für seine beiden nichtarischen Mitarbeiter ein – allerdings vergeblich. In der Philosophischen Fakultät versicherte Dekan von Salis „die von den Zeitereignissen besonders betroffenen Mitglieder der Teilnahme und Unterstützung". Ein Schreiben des Engeren Senats an das Ministerium sprach deutlich die Mißbilligung der Universität über den Beurlaubungserlaß aus: „Eine zwangsläufige Beurlaubung von Kollegen, für deren Anstellung die Universität selbst die Mitverantwortung trägt, widerstreitet unserem Rechtsempfinden. Weiterhin muß ausgesprochen werden, daß eine solche Beurlaubung der Universität unabsehbaren Schaden zufügen würde." Allerdings ist die Absendung des Protests offenbar unterblieben; in den kurz darauf in Karlsruhe eingereichten Listen mit den Namen der jüdischen Kollegen bemühte sich die Universität stattdessen bei nahezu jedem, eine Ausnahme vom Gesetz zu begründen, wo Frontkämpferparagraph oder alte Beamteneigenschaft nicht anzuwenden waren. Bei den Säuberungen 1935 und 1937/38 fehlt ein solches Eintreten der Korporation für ihre Mitglieder natürlich.

Säuberungen und Restriktionen erstreckten sich auch auf die Studentenschaft. Auch hier gebärdete sich Baden besonders radikal, insofern schon im April 1933 vorübergehend ein absolutes Immatrikulationsverbot für Juden erlassen wurde – reichseinheitlich geschah dies erst 1938. Studenten, die sich in den letzten Jahren „volks- und staatsfeindlich" verhalten hatten, sollten auf 4 Jahre exmatrikuliert werden, wobei allerdings bloße Parteimitgliedschaft, außer bei der KPD, nicht als Beweis genügte. 49 Studenten fielen 1933 unter diese Bestimmungen. Mit dem „Gesetz gegen die Überfüllung der deutschen Schulen und Hochschulen" wurde die Zahl der Studenten vom Bedarf abhängig gemacht, der Anteil der zuzulassenden Nichtarier durfte in keiner Fakultät den Anteil der Juden an der Reichsbevölkerung übersteigen. Der gewünschte Erfolg trat rasch ein: Im Sommersemester 1933 waren in Heidelberg offiziell 180 jüdische Studenten immatrikuliert, im Wintersemester 1936/37 nur noch 24. Die verbliebenen oder zugelassenen Nichtarier wurden in der Folgezeit von immer neuen Verboten und Schikanen betroffen, von der Nichtzulassung zu staatlichen Prüfungen bis zum Verbot, den Doktorgrad zu erwerben; Ausnahmen galten für Medizin und Zahnmedizin, wenn die Promovenden sich verpflichteten, sofort danach Deutschland zu verlassen.

Die von der antisemitischen Gesetzgebung nicht betroffenen Studenten sahen sich seit 1933 einer wachsenden Reglementierung ausgesetzt. Der NSDStB sicherte sich eine Monopolstellung, die anderen politischen Studentengruppen wurden noch 1933 beseitigt, die Korporationen lösten sich 1935/36 auf. So wenig allerdings die angestrebte Schaffung eines neuen Hochschullehrertyps gelang, so wenig ließ sich auch der neue Studententyp verwirklichen, über den der damalige preußische Kultusminister Rust im Juni 1933 befand: „Wer im Arbeitsdienstlager versagt, der hat das Recht verwirkt, Deutschland als Akademiker zu führen." Anforderungen, die mit dem Studium nichts zu tun hatten, stellte der NS-Staat seinen Studenten reichlich. Im Wintersemester 1933/34 wurde für alle Studierenden der Dienst in der SA zur Pflicht gemacht und für die Organisation ein eigenes SA-Hochschulamt gegründet. Seit Wintersemester 1934/35 war jeder Student verpflichtet, 3 Semester lang 2 Wochenstunden Sport zu treiben, um zum weiteren Studium zugelassen zu werden. Jeder Student mußte zudem Mitglied einer Fachschaft sein und an deren Aktivitäten in Gestalt von Arbeitsgemeinschaften, Kameradschafts- und Schulungslagern sowie Vorträgen teilnehmen. Für Erst- bis Drittsemester wurden 1936/37 „Kameradschaften des NS-Studentenbundes" begründet, die eine Art NS-Korporation darstellten. Zum Wintersemester 1937/38 bezogen sie die ehemaligen Verbindungshäuser, deren Nutzung die Studentenführung von den „Alten Herren" der Korporationen erreicht hatte. Die Zahl dieser Kameradschaften stieg bis 1939 auf 12.

Wieweit die Erfassung und Reglementierung in der Wirklichkeit funktionierte und sich auf das Leben der einzelnen auswirkte, hing zu großen Teilen von den jeweiligen Amtsträgern ab. Insgesamt scheint der Typus des NS-Studenten fast eher vor 1933 ausgeprägt gewesen zu sein als in den Jahren der Ernüchterung nach der Euphorie des vermeintlichen Aufbruchs von 1933/34.

Die Zahl der Studierenden ging in den dreißiger Jahren permanent zurück. Waren im Wintersemester 1933/34 noch 3480 Studenten in Heidelberg immatrikuliert, davon 661 Frauen, sank die Zahl im Wintersemester 1934/35 auf 2742 (481 Frauen), und bis zum Wintersemester 1938/39 hatte sie sich mit 1723 eingeschriebenen Studenten (441 Frauen) gegenüber 1933 halbiert.

Institutionell gewann die Universität 1934 eine neue Dimension durch die Eingliederung der Handelshochschule Mannheim. Die Philosophische Fakultät wehrte sich gegen die Aufnahme, da sie das Übergewicht der „angewandten Wissenschaften" fürchtete. Es wurde daher eine eigene „Staats- und Wirtschaftswissenschaftliche Fakultät" gegründet, die rasch den Ruf besonderer Parteihörigkeit erlangte. Aus der Philosophischen Fakultät wurden die Institute für Sozial- und Staatswissenschaften sowie für Zeitungswesen übernommen, aus Mannheimer Beständen Institute für Betriebswissenschaft, Volkswirtschaftslehre und Statistik sowie für Rohstoff- und Warenkunde begründet. Dazu kam dann das Dolmetscherinstitut, das gleichfalls Teil der Mannheimer Hochschule gewesen war. Die Philosophische Fakultät erhielt aus der Mannheimer Masse ein Psychologisches Institut, das Ende 1933 begründet und von dem Mediziner Johannes Stein geleitet wurde. Als dieser einem Ruf nach Straßburg folgte, kam es 1942 zu einer Neugründung des Instituts unter der Direktion Hellpachs.

Die übrigen Institutsgründungen der dreißiger Jahre waren vor allem ideologisch motiviert. Der bisher im Archäologischen Institut verankerte Lehrapparat für Vorgeschichte wurde 1933 als Lehrstätte für Frühgeschichte (seit 1942: Frühgeschichtliches Institut) selbständig; sein erster Leiter war Ernst Wahle (1889–1981, seit 1924 als a.o. Professor in Heidelberg). Für den alten Kämpfer Eugen Fehrle (1880–1957), der vom außerplanmäßigen Professor zum Ordinarius aufstieg, wurde 1934 die Lehrstätte für deutsche Volkskunde eingerichtet, obwohl Fehrle sich für klassische Philologie habilitiert hatte. Bezeichnenderweise dehnte sich seine „Volkskundliche Sammlung" so sehr aus, daß die wertvollen Abgüsse des Archäologischen Instituts in einem Kellermagazin verschwinden mußten. Gleich von 2 Neugründungen wurde das Historische Seminar flankiert. 1933 wurde das Kriegsgeschichtliche Seminar begründet, das gleichzeitig geschaffene persönliche Ordinariat für „Geschichte mit besonderer Berücksichtigung von Kriegsgeschichte und Wehrkunde", das mit der Leitung des Seminars verbunden war, erhielt der bisherige Privatdozent Paul Schmitthenner (1884–1963, 1928 in Heidelberg habilitiert). Seinem Institut setzte er das Ziel, „den Einfluß des Kriegs- und Wehrwesens auf die Kultur, insbesondere auf die Staaten und Völker, ihre Politik und ihr Schicksal zu erforschen.... Zugleich erstrebt das Seminar mit der Förderung des Wissens und Forschens auf diesem bisher noch kaum bearbeiteten Gebiet eine innere soldatisch-friedhafte Haltung und Gesinnung seiner Schüler." Seriöser war das Konzept des Instituts für Fränkisch-Pfälzische Landes- und Volksforschung (später: Institut für Fränkisch-Pfälzische Geschichte und Landeskunde). Den ersten Anstoß hatte der Nachfolger Karl Hampes, Günther Franz (geb. 1902, 1934–1936 in Heidelberg), gegeben, jedoch kam es erst 1938 zu der Gründung. Das Institut sollte vertiefte wissenschaftliche Heimatkunde betreiben im geographischen Raum „von der Tauber bis in die Pfalz und vom unteren Main bis zum Gebiet des alemannischen Sprachbereichs"; außerdem waren die „Grenzlandschaften gegen Lothringen" zu betreuen. Eindeutig nationalsozialistischen Doktrinen entsprang dagegen das von Ernst Krieck noch im Sommersemester 1939 ins Leben gerufene Volks- und Kulturpolitische Institut, das sich die „Durchführung einer neuen weltanschaulich bedingten Fragestellung unserer gesamten Geistesgeschichte gegenüber" als Forschungsaufgabe gesetzt hatte. Die Arbeit sollte fächer- und fakultätsübergreifend geschehen, als erste Themen waren „Die deutsche Naturanschauung" und „Das deutsche Geschichtsbild" vorgesehen. Zu eigentlicher Wirksamkeit ist diese Gründung durch den Krieg aber nicht mehr gekommen.

Die Heidelberger Personalpolitik während des Dritten Reiches ist ambivalent gewesen. Zunächst sorgten diejenigen, die sich zu kurz gekommen fühlten und über die notwendigen politischen Verdienste verfügten, für sich. Fehrle und Schmitthenner stiegen vom apl. Professor bzw. Privatdozenten zum ordentlichen Professor auf, Wilhelm Groh vom persönlichen Ordinarius zum ordentlichen Professor. Auch der Mediziner Johannes Stein (Jahrg. 1896) machte nach langem Warten (1926 in Heidelberg habilitiert) nun eine Blitzkarriere, als er 1934 vom Dozenten mit Professorentitel zum Ordinarius und Leiter der Krehl-Klinik aufstieg; zugleich war er unter dem Rektor Groh Kanzler (seit 1935 Prorektor) und damit der zweithöchste Mann der akademischen Hierarchie. Als Prototyp des nationalsozialistischen Wissenschaftlers und als Aushängeschild der braunen Universität Heidelberg galt aber Ernst Krieck (1882–1947), ursprünglich ein unstudierter Volksschullehrer in Mannheim, dem die Philosophische Fakultät 1923 für seine pädagogischen Arbeiten die Ehrendoktorwürde verliehen hatte. Krieck wurde 1934 aus Frankfurt, wo er völlig gescheitert war, zum Ordinarius für Philosophie und Pädagogik berufen und wirkte seither neben Jaspers als Direktor des Philosophischen Seminars. Er verstand sich selbst als Theoretiker einer NS-Pädagogik, war aber nach den Worten seines Frankfurter Kollegen Reinhardt nur eine „programmentwerfende Null". Eine politische Berufung war auch die von Fritz Schachermeyr (geb. 1895, 1936–1940 in Heidelberg) auf Täublers

Lehrstuhl; die Fakultät hatte einen anderen Gelehrten vorgeschlagen. Bei den Medizinern verstand sich der Psychiater Carl Schneider (1891–1947, seit 1934 in Heidelberg) als profilierter Nationalsozialist; als solcher hat er im Kriege an den Euthanasieaktionen mitgewirkt.

Wieweit das Klima in den Fakultäten vom Nationalsozialismus bestimmt worden ist, läßt sich im nachhinein nur schwer feststellen. Die durch die Anfangssäuberungen freigewordenen Lehrstühle scheinen vorwiegend mit Parteigenossen oder opportunistischen Regimeanhängern besetzt worden zu sein, die sich nicht genierten, ihren unter Bruch von Recht und Herkommen aus dem Amt gedrängten Kollegen zu folgen. Aber es gab während des ganzen Dritten Reiches auch immer wieder Berufungen wegen wissenschaftlicher Verdienste, nach der ersten Welle 1933–1934 waren sie sogar eher die Regel als die Ausnahme. Der Alttestamentler Gustav Hölscher (1877–1955, seit 1935 in Heidelberg) wurde, nachdem er in Bonn amtsenthoben war, nach Heidelberg versetzt, wo er zunächst allerdings von den Studenten boykottiert wurde. Aus der Medizinischen Fakultät seien von den Neuberufungen als integre Persönlichkeiten und bedeutende Lehrer und Forscher genannt der Gynäkologe Hans Runge (1892–1964, seit 1934 in Heidelberg), Ernst Engelking (1886–1975, seit 1935 in Heidelberg), Ordinarius für Augenheilkunde, Alfred Seiffert (1883–1960, seit 1942 in Heidelberg), Ordinarius für HNO-Krankheiten, und die beiden Chirurgen Martin Kirschner (1879–1942, seit 1934 in Heidelberg) und Karl Heinrich Bauer (1890–1978, seit 1943 in Heidelberg). In die Philosophische Fakultät kamen als neue Mitglieder unter anderem Fritz Ernst (1905–1963, seit 1937 in Heidelberg) als Historiker und Hans Schaefer (1906–1961, seit 1941 in Heidelberg) als Althistoriker, die Germanisten Richard Kienast (1892–1976, seit 1938 in Heidelberg) und Paul Böckmann (geb. 1899, 1938–1958 in Heidelberg, zunächst Extraordinarius), Reinhard Herbig (1898–1961, 1941–1955 in Heidelberg) als Archäologe und Walter Paatz (1902–1978, seit 1942 in Heidelberg) als Kunsthistoriker.

Die Pflege des wissenschaftlichen Nachwuchses war wie überall den Bestimmungen der Reichshabilitationsordnung von 1934 unterworfen. Erstmals wurden Habilitation und Verleihung der Lehrbefugnis getrennt, über die Zulassung als Privatdozent entschied der Bedarf und, mindestens formell, die politische Gesinnung.

Äußerer Höhepunkt der nationalsozialistischen Universität Heidelberg war die 550-Jahr-Feier 1936, deren Gestaltung als „reichswichtige Sache" das Ministerium für Volksaufklärung und Propaganda selbst in die Hand nahm. Als Vertreter der Reichsregierung waren Goebbels und Rust bei den Feierlichkeiten anwesend, ursprünglich war auch mit Hitlers Erscheinen gerechnet worden. Die Feier sollte das neue Deutschland nach innen und außen demonstrieren; zu diesem Zweck wurden nicht zuletzt auch alle Register der Dekorationskunst gezogen. Die ausländische Beteiligung war groß – allerdings blieben die britischen Universitäten fern. Bei einem Festakt rechtfertigte der Reichserziehungsminister Rust die Säuberung der vergangenen Jahre und proklamierte die wahre Objektivität, die „einen durch Blut und Geschichte gebundenen Menschen zum Subjekt des Erkennens machen" müsse. Rusts tiefsinnig klingende Plattheiten wurden an Inhaltslosigkeit durch Ernst Kriecks Rede, die er anmaßend als „Antwort der deutschen Wissenschaft" auf Rusts Appell ausgab, womöglich noch überboten. 1886 hatte Kuno Fischer eine großartige Festrede gehalten – 50 Jahre später stammelte ein unfähiger Nachfolger auf Fischers Lehrstuhl Armseligkeiten über „die Objektivität der Wissenschaft als Problem" und erklärte die Humanitätsidee für zeitbedingt und für die Gegenwart „in keiner Weise verpflichtend".

Nach dem Beginn des Zweiten Weltkriegs wurde der Vorlesungsbetrieb in Heidelberg erst im Januar 1940 wieder aufgenommen, danach aber ohne Unterbrechung bis 1945 fortgeführt. Vorübergehend lösten Trimester die übliche Semestereinteilung ab. Die nominelle Zahl der Immatrikulierten stieg seit 1939 wieder an, allerdings befand sich ein großer Teil der Studenten an der Front. Wer studierte, hatte sich gemäß der Aufforderung des Rektors von 1940 gleichfalls als „Soldat des Großdeutschen Reiches" zu fühlen und sein Studium als soldatischen Dienst aufzufassen. Jedes „akademische Kriegsgewinnlertum" sollte ausgeschlossen werden. Die Studenten unterlagen einer besonderen Dienstpflicht, die eine Arbeitszeit von mindestens 8 Stunden im Monat vorsah, wobei der Arbeitseinsatz stets geeignet sein mußte, „die Wehr- und Wirtschaftskraft unseres Volkes zu stärken". Beurlaubungen für Soldaten zum Studium wurden vor allem in den ersten Kriegsjahren gewährt; die militärische Krise im Stalingradwinter 1942/43 spiegelt ein Runderlaß des Erziehungsministeriums vom Dezember 1942 wider: „Der Studienurlaub für das gesamte Ostheer ist gesperrt." Aber noch im Oktober 1943 bestand für verdiente Soldaten die Möglichkeit, dienstlich zum Studium der Medizin, Veterinärmedizin, Pharmazie und technischer Fächer abkommandiert zu werden.

Die lange Zeit der bei den Nationalsozialisten üblichen Vernachlässigung des wissenschaftlichen Potentials ging im Krieg zu Ende. Auf einer Sondertagung der Reichsstudentenführung entdeckte Goebbels im Juli 1943 in Heidelberg den Wert des „geistigen Arbeiters" für die Kriegsführung, wenn er erklärte, der „Krieg in den Instituten und Laboratorien" sei „oft von entscheidendster Bedeutung für den Sieg". In Heidelberg waren vor allem die Professoren der Naturwissenschaftlich-mathematischen Fakultät mit „kriegswichtigen Forschungsaufträgen" für Reichs- und Wehrmachtsstellen beschäftigt oder gaben an, wie der Astronom Vogt, einen Rüstungsbetrieb zu leiten. Bei einer Bestandsaufnahme über den akademischen Unterricht angesichts reduzierten Lehrpersonals erklärten Anfang 1943 die Theologische, Medizinische und Juristische Fakultät, die Lehre sei ganz oder in allen Hauptfächern gesichert, während in der Philosophischen Fakultät Alte Geschichte, Kunstgeschichte, Musikwissenschaft und Anglistik wegen Personalmangels bedroht waren, der Dekan aber dennoch resümierte: „Sämtliche besonders wichtigen Fächer wären vorhanden." Hingegen war in der Naturwissenschaftlich-mathematischen Fakultät mit Mathematik, technischer und theoretischer Physik, Chemie und Botanik eine Reihe wichtiger Fächer gefährdet. Die Staats- und Wirtschaftswissenschaftliche Fakultät meldete, die Ausbildung von Diplomvolkswirten und Diplomhandelslehrern sei „aufs äußerste gefährdet". 117 Professoren und Dozenten waren zu diesem Zeitpunkt zur Wehrmacht eingezogen.

Im Sommersemester 1944 trat ein Numerus clausus für Medizinstudenten in Kraft; nur 150 Erstsemester wurden angenommen, der Zugang für höhere Semester ganz gesperrt. Ausnahmen galten für Wehrmachtsangehörige, Kriegsversehrte und Kriegerwitwen sowie für Bombengeschädigte, die die Universität wechseln mußten. Für das Wintersemester 1944/45 wurde für alle Fakultäten festgesetzt, daß die Gesamtzahl der Studierenden die des vorhergehenden Semesters nicht überschreiten solle. Im Oktober 1944 drohte der Universität noch eine teilweise Schließung, als das Berliner Ministerium die Verlagerung der Staats- und Wirtschaftswissenschaftlichen Fakultät mit dem Dolmetscherinstitut nach Tübingen verfügte. 570 Studierende, davon 400 Kriegsversehrte und Kriegerwitwen, wären von dieser Maßnahme betroffen gewesen, wie der Rektor in einem Protest wissen ließ; auch die Studenten selbst wehrten sich. Der Plan wurde nicht verwirklicht. Das Kriegsende fand die Universität daher äußerlich intakt vor, innerlich war sie durch das Jahrzwölft der NS-Diktatur fast ganz zerstört worden.

Neubeginn und Expansion

Mit dem Einzug amerikanischer Truppen am 30. März 1945 galt für Heidelberg die Proklamation Nr. 1 des Obersten Befehlshabers der Alliierten Streitkräfte, derzufolge u. a. „alle deutschen Gerichte, Unterrichts- und Erziehungsanstalten" bis auf weiteres geschlossen wurden. Die Universität repräsentierte in diesem Augenblick der nahezu 80jährige Anglist Johannes Hoops, den der letzte NS-Rektor Schmitthenner zu seinem Vertreter gegenüber der Besatzungsmacht bestellt hatte; mit Hilfe eines Arbeitsausschusses von geschäftsführenden Dekanen amtierte Hoops bis zum August 1945 als Stellvertretender Rektor. Daneben bildete sich schon am 5. April in der Wohnung von Jaspers ein „Dreizehnerausschuß zum Wiederaufbau der Universität". Unter dem Vorsitz von Dibelius gehörten ihm außer den im Dritten Reich aus dem Amt entfernten Professoren Jaspers, Jellinek, Radbruch, Regenbogen und Weber die unbelasteten Professoren Bauer, Engelking, Ernst, Freudenberg, Hupfeld und Oehme sowie der Dozent Wolfgang Genthner, später der erste Direktor des Heidelberger Max-Planck-Instituts für Kernphysik, und der Mediziner Alexander Mitscherlich an. Außer der Inangriffnahme praktischer Maßnahmen suchte der Ausschuß mit der Beratung grundsätzlicher Probleme einem geistigen Neuanfang den Weg zu bereiten – als Personalgutachtergremium hat er inoffiziell noch mehrere Jahre gewirkt.

Während Hoops sich im wesentlichen auf die Administration und die Übermittlung der Anordnungen der Besatzungsmacht beschränkte, übernahm der Dekan der Medizinischen Fakultät Karl Heinrich Bauer die Vertretung der Interessen der Universität. „Strahlend, voller praktischer Einfälle, unverwüstlicher Energie, schneller Entschlußfähigkeit, begabt im Umgang mit Menschen" (Jaspers), setzte sich Bauer mit großer Beharrlichkeit und Überzeugungskraft für die Wiedereröffnung der Universität ein, wobei er vor allem auf die geistige Not der deutschen Kriegsjugend hinwies. Er erreichte bald sein Ziel; wichtig wurde dabei die Hilfe des Office Heidelberg University und des amerikanischen Universitätsoffiziers, während sich deutsche Behörden und Institutionen zurückhaltend oder gar ablehnend verhielten. Zunächst durfte mit Erlaubnis der Besatzungsmacht am 8. August 1945 von 22 nichtbelasteten Ordinarien ein neuer Rektor gewählt werden, der in dieser Situation nur Bauer heißen konnte. Prorektor wurde der Historiker Fritz Ernst, Erster Senator Karl Jaspers. Mit den schon vorher gewählten Dekanen war damit der Engere Senat konstituiert. Bei der Eröffnung eines zweimonatigen Fortbildungskurses für kriegsapprobierte Jungärzte wurde am 15. August die Rektoratsübergabe vollzogen.

Nach schwierigen Auseinandersetzungen, manchen Rückschlägen und Anfeindungen konnten zum Wintersemester 1945 die Mediziner und die Theologen ihren Lehrbetrieb aufnehmen; die übrigen Fakultäten wurden im Januar 1946 wiedereröffnet – am 7. Januar fand die erste Immatrikulationsfeier nach dem Krieg statt. Nur die 1934 geschaffene „Staats- und Wirtschaftswissenschaftliche Fakultät" blieb geschlossen. Trotz vielfältiger Kritik setzte sich Alfred Weber durch, der die Rückgliederung von Soziologie und Volkswirtschaft in die Philosophische Fakultät und die Rückverlagerung der übrigen Disziplinen nach Mannheim betrieb; dort nahm zum Sommersemester 1946 die Staatliche Wirtschaftshochschule ihre Tätigkeit auf. Als wertvolles Erbe behielt Heidelberg aber das Dolmetscherinstitut.

Die äußeren Verhältnisse der wiedereröffneten Universität waren trostlos, die Arbeitsbedingungen außerordentlich schwierig, die materielle Situation von Dozenten und Studenten miserabel. Schon die Räumlichkeiten fehlten weithin. Zwar war Heidelberg unzerstört geblieben, doch hatten die Besatzungstruppen eine Vielzahl von Universitätsgebäuden beschlagnahmt, so die gesamte Neue Universität, die vollständig erst 1952 geräumt wurde, das Seminarienhaus, das Marstallgebäude, den Weinbrennerbau, die Universitätsbibliothek, das Botanische, Zoologische, Chemische und Physikalische Institut. Die Bestände der Universitätsbibliothek waren verlagert, ihre Rückführung dauerte bis Mitte 1946.

Groß war auch die Personalnot, da die Militärregierung 1945/46 über 60% des Lehrkörpers entließ. Für die Zulassung der Studenten galt ein strenger Numerus clausus; im Wintersemester 1945/46 waren 2648 Studenten eingeschrieben, für das Sommersemester 1946 sollte die Zahl von 3000 nicht überschritten werden; davon entfielen auf die Theologische Fakultät 150, auf die Juristische 525, auf die Medizinische 1100, auf die Philosophische mit Dolmetscherinstitut 875 und die Naturwissenschaftlich-mathematische 350 Studenten. Die Abiturienten der Jahrgänge 1943–1945 mußten einjährige Vorsemesterkurse besuchen, um ihr dürftiges Notabitur zur Hochschulreife aufzuwerten, wenn sie diese nicht durch eine Sonderprüfung nachweisen konnten. Diese Kurse wurden bis 1947 abgehalten. Auf Initiative des Rektors

Bauer überließen die Militärbehörden im August 1945 die Alte Kaserne in der Seminarstraße der Universität, die in diesem Gebäude in Anlehnung an das englische Collegemodell das „Collegium Academicum" als „eine studentische Lebens-, Arbeits- und Erziehungsgemeinschaft" mit weitgehender Selbstverwaltung einrichtete.

Im fast staatslosen Zustand von 1945 hatte die Universität zum erstenmal seit dem 14. Jahrhundert die Gelegenheit, sich autonom eine Satzung zu geben. Dabei stellte der Dreizehnerausschuß im wesentlichen die Selbstverwaltung in der Form wieder her, wie sie bis 1933 bestanden hatte: Jährlich wechselnder Rektor an der Spitze des Engeren Senats, der neben Rektor und Prorektor aus den Dekanen und je einem Vertreter der Ordinarien und der Nichtordinarien bestand, und Großer Senat für die Rektorwahl. Auch die Zusammensetzung der Fakultäten wurde gemäß dem früheren Zustand geändert; zu ihnen gehörten jetzt wieder alle Ordinarien sowie nur je ein Vertreter der Extraordinarien und der übrigen Nichtordinarien. Mit geringen Änderungen im Jahre 1952 ist diese Satzung bis 1969 in Geltung geblieben.

Aber nicht so sehr die widrigen Umstände, die äußere Katastrophe und die große Not der ersten Nachkriegszeit prägten das besondere Bild Heidelbergs – diese Faktoren galten für alle deutschen Universitäten gleichermaßen –, sondern vielmehr verpflichtendes Ethos und moralischer Impetus. Jaspers, Radbruch und Weber repräsentierten eine neue Art lebendigen Heidelberger Geistes. Verkörperte insbesondere Jaspers die moralische Autorität der neuen Universität, so verfügte Walter Jellinek über die juristische Autorität, die vor allem nach innen wirkte, wenn er in den schwierigen Wiedergutmachungs- und Entschädigungsfällen sowie später bei der Behandlung der 1945 Entlassenen von der Gesamtuniversität wie von allen Fakultäten immer wieder um Rat und Gutachten gebeten wurde.

Die Aufbruchsstimmung und der Geist von 1945 schlägt sich prägnant in den beiden ersten Paragraphen der neuen Satzung nieder: „Die Universität Heidelberg soll in Erinnerung an die Höhepunkte ihres geistigen Lebens unter neuen Bedingungen wieder frei ihrer unvergänglichen Aufgabe dienen. Aufgabe dieser Universität ist es, die Gesamtheit der Wissenschaften in Forschung und Lehre zu fördern. Diese Aufgabe soll sie in der Offenheit und Weltweite erfüllen, die der Überlieferung Heidelbergs entspricht." Bei der Eröffnung des medizinischen Kurses im August 1945 stellte Jaspers klar, daß ein bloßes Anknüpfen an die Zeit vor 1933 unmöglich sei: „Zuviel ist geschehen, zu eingreifend ist die Katastrophe." Mit aller Schärfe formulierte er: „Daß wir leben, ist unsere Schuld", um von dieser Voraussetzung aus zur geistigen Erneuerung, moralischen Läuterung und tiefgreifenden Besinnung aufzurufen. „Unsere in dieser Würdelosigkeit einzig noch bleibende Würde ist die Wahrhaftigkeit und dann die unendliche geduldige Arbeit."

Die Forderung Jaspers', die Schuld anzunehmen und einen wirklichen geistigen Neubeginn zu wagen, ist allerdings im Kampf ums Überleben und in der Belastung mit zahllosen Problemen des Alltags, später im Eifer des Wiederaufbaus und der Routine bald vergessen worden. Resigniert und verbittert folgte Jaspers daher 1948 einem Ruf nach Basel; wenn er auch öffentlich dementierte, daß sein Entschluß aus der Unzufriedenheit mit der Entwicklung hervorgegangen sei, bezeugen spätere Aufzeichnungen doch das Gegenteil: „Die Jahre 1945 bis 1948 waren vertan." Gegen sein Urteil: „Auch als Universität haben wir 1933 unsere Würde verloren", stand das große Selbstbewußtsein der Korporation, wie es Bauer in einer Eingabe an die Militärregierung schon im Juni 1945 zum Ausdruck brachte: Es gibt „an noch intakten geschlossenen Organisationen zum Wiederaufbau einer neuen Führungsschicht... (in) Deutschland nur noch die Kirchen und die Universitäten".

Vordringliches Problem nach der Wiedereröffnung war die Ergänzung des Lehrkörpers, nachdem bei den Naturwissenschaften 9 von 12 Ordinarien dauernd oder zeitweise ausscheiden mußten, bei den Juristen 6 von 8, bei den Medizinern 8 von 16, in der Philosophischen Fakultät 11 von 15 und in der Theologie 1 von 5. Sicher spiegeln diese Zahlen nicht die Ausbreitung und den Einfluß der NS-Ideologie in den einzelnen Fakultäten exakt wider, da Entlassung oder Suspension aktive Anhänger und Würdenträger wie nominelle Mitglieder der NSDAP gleicherweise traf, aber sie zeigen, wie wenige Dozenten innerlich und äußerlich gleich integer durch die schlimmen Jahre gekommen waren und für den Neuaufbau zur Verfügung standen. Die vom Dritten Reich Abgesetzten kehrten auf ihre Lehrstühle zurück, sofern sie zur Verfügung standen und in Deutschland lebten. Allerdings fand Jaspers' Stellungnahme in einer Sitzung 1946: „Das frühere Recht geht vor, jede Besetzung nach 1933 trägt das Risiko des minderen Rechts in sich", schon bei seinen Fakultätskollegen keine einhellige Zustimmung. Vor allem die Haltung gegenüber den Emigrierten blieb vielfach zwiespältig. Zwar beschloß der Engere Senat im November 1945, grundsätzlich „die Rehabilitierung auch für im Ausland befindliche, aber erreichbare Kollegen auszusprechen", aber im Einzelfall wurde doch gezögert. Freilich gingen hier die staatlichen Behörden mit schlechtem Beispiel voran, wenn der Rektor noch 1951 mitteilte, daß die Verwaltung Rehabilitierungsanträge „emigrierter Dozenten, die im Ausland tätig sind, zudem eine neue Staatsbürgerschaft erworben haben, bisher mit einem entschiedenen Nein beantwortet hat".

Eine Krise in den ohnehin häufig gespannten oder, wie der Abgeordnete Theodor Heuss formulierte, „nicht sehr vertrauensstarken" Beziehungen zwischen Universität und badischer Landesdirektion in Karlsruhe entstand 1947, als die Behörde den Landesdirektor des Kultus und Unterrichts Franz Schnabel auf den Lehrstuhl für Neuere Geschichte berufen wollte. Da die massive Staatseinmischung ebenso wie die Person des Vorgeschlagenen bei Philosophischer Fakultät und Senat auf einhelligen Widerstand stießen, wurde die Universität im Landtag scharf angegriffen. Der Finanzminister und Landesbezirksdirektor Köhler stellte der Integrität Schnabels „die Geschäftigkeit und die Lautstärke, mit der verschiedene Dozenten in Heidelberg ihre mehr oder minder herausgestellte Betätigung im Dritten Reich vergessen machen wollen", gegenüber und lehnte es ab, den Staat „lediglich die Rolle des großmütigen oder, wenn Sie wollen, subalternen Zahlmeisters" spielen zu lassen. Die Selbstverwaltung dürfe nicht in „eine Diktatur der Professoren" ausarten, der Staat „nicht in Anbetung versinken vor dieser sog. Selbstverwaltung". Einen offenen Oktroi vermied Karlsruhe jedoch; Schnabel ging nach München, der Lehrstuhl wurde anders besetzt.

Unter den Schwierigkeiten der ersten Nachkriegsjahre vollzog sich die Ergänzung des Lehrkörpers nur langsam. Erst 1950 war der Stand von 1932/33 wieder erreicht und waren die vorhandenen 59 Lehrstühle besetzt; damit befand sich Heidelberg aber unterdessen, was die Zahl der Professorenstellen anbetraf, an der viertletzten Stelle unter den westdeutschen Universitäten. Die geistige Ausstrahlungskraft aber war groß. Als Beispiel sei die Zusammensetzung der Theologischen Fakultät genannt, an der um 1950 nur Gelehrte von internationalem Ansehen wirkten: Gerhard von Rad, Günther Bornkamm, Hans von Campenhausen, Heinrich Bornkamm, Peter Brunner und Edmund Schlink. 3 Nobelpreise sind nach 1945 an Heidelberger Professoren gefallen, für Physik 1954 an Walther Bothe (1891–1957, seit 1932 in Heidelberg) und 1963 an Hans Daniel Jensen (1907–1973, seit 1949 in Heidelberg) sowie 1979 für Chemie an Georg Wittig (geb. 1897, seit 1956 in Heidelberg).

Zur Unterstützung der Studenten, die zumeist bittere Not litten, war schon 1945 die Studentenhilfe wieder aufgebaut worden. Die Mensa erhielt jahrelang vielfältige Lebensmittelspenden aus dem Ausland; 1948 wurden der Studentenhilfe sogar 7 Kühe aus den USA geschenkt, deren Milch für kranke Studenten und für die Kinderklinik bestimmt war. Zur Verdeutlichung der Notsituation kann auch die lapidare Notiz in einem Senatsprotokoll dienen: „Das erste Fettpaket für die Professoren ist angekommen." Die Währungsreform verschlechterte die materielle Situation der Studenten zunächst noch weiter; die Universität traf der Verlust ihrer Stiftungsmittel. Zur Unterstützung der Studenten wurde im Oktober 1948 auf Initiative des Rektors Geiler die „Vereinigung der Freunde der Studentenschaft der Universität Heidelberg" begründet.

Schwierig war seit dem Krieg die Wohnungslage, da Heidelberg als unzerstörte Stadt mit Flüchtlingen überfüllt war und außerdem die Besatzungsmacht zahlreiche Häuser wie fast alle Hotels beschlagnahmt hatte. Neuberufungen scheiterten am fehlenden Wohnraum; jeder Student brauchte eine Aufenthaltsgenehmigung, die aber nur gegen Vorlage einer Rückkehrbescheinigung erteilt wurde, der zufolge der Betreffende nach Ende seines Heidelberger Studiums wieder an seinem Wohnort Aufnahme finden würde. Um zu verhindern, daß die Stadt nach Ablauf des Semesters alle Genehmigungen widerrief, verständigten sich Stadtverwaltung und Universität 1946 darauf, zwangsweise je 2 Studenten in ein Zimmer einzuquartieren.

Die in der NS-Zeit aufgelösten Korporationen sollten nach allgemeiner Meinung nicht wieder aufleben. Die Studenten der ersten Nachkriegsgeneration suchten daher nach neuen Formen der Vereinigung; allerdings waren parteipolitische Gruppen verpönt. Neben dem Collegium Academicum entstanden 1945/46 verschiedene Kreise als Diskussionsforen, die jedoch die Restauration des alten Verbindungswesens seit 1949 nicht aufzuhalten vermochten, auch wenn die Universität lange am Verbot des Mensurfechtens und des Farbentragens in der Öffentlichkeit und im universitären Bereich festhielt.

Um die Studenten mit wissenschaftlichen Fragen jenseits ihres Fachstudiums vertraut zu machen, wurde im Wintersemester 1947/48 für einige Semester ein „Dies academicus" eingeführt, an dem einmal im Monat an wechselnden Wochentagen alle Lehrveranstaltungen zugunsten „allgemeiner Vorlesungen aus dem Gesamtgebiet der Wissenschaften" ausfielen. An die Stelle dieser Einrichtung trat 1953 das „Studium generale".

Wie die anderen deutschen Universitäten war auch Heidelberg spätestens in den fünfziger Jahren mit Personalstellen und Räumlichkeiten den steigenden Studentenzahlen immer weniger gewachsen. Im Sommersemester 1954 stieg die Zahl der Immatrikulierten erstmals über 5000, fünf Jahre später auf 8000 und überschritt 1962 die Grenze von 10 000. Das traditionelle Absinken der Frequenz im Wintersemester hörte seit Mitte der sechziger Jahre auf. Etwa 10% der Studenten waren wie früher Ausländer. 1960 wurde das Studienkolleg gegründet, wo mangelhaft ausgebildete Ausländer den Reifeabschluß nachholen konnten. Die Internationalen Ferienkurse hatten schon 1947 wieder begonnen.

Nachdem Heidelberg zunächst hinter den zerstörten Hochschulen des Landes hatte zurückstehen müssen, begann Ende der vierziger Jahre die Bautätigkeit auch hier. Die Universitätsbauten erstreckten sich auf 3 Bereiche: Altstadt, Klinikviertel nördlich der Bergheimer Straße und Neuenheimer Feld. Im Neuenheimer Feld wurde als erster Neubau nach dem Krieg 1951 das Chemische Institut in Angriff genommen. Bis Mitte der siebziger Jahre waren dann, mehrfach durch finanzielle Restriktionen verzögert, nahezu alle Medizinischen und Naturwissenschaftlichen Institute in dieses Gelände verlagert sowie Schwestern- und Personalgebäude gebaut, während der Neubau des Klinikums bis heute nicht beendet ist. Die Geisteswissenschaften rückten in die freigewordenen Gebäude in der Altstadt und in aufgegebene Behördenbauten nach, nachdem der Große Senat 1956 beschlossen hatte, entgegen den ursprünglichen Plänen die geisteswissenschaftlichen Fächer nicht im Neuenheimer Feld anzusiedeln. Neubauten entstanden in der Altstadt nur spärlich und – im Fall des Marstallgebäudes und des Triplexgebäudes am Universitätsplatz – gegen den Protest eines Teiles der Heidelberger Öffentlichkeit. Unverändert blieb die Raumnot der Universitätsbibliothek, die gezwungen war, nicht nur eine Teilbibliothek im Neuenheimer Feld aufzubauen, sondern auch Bestände an drittem Ort zu lagern und damit die Benutzbarkeit erheblich zu beeinträchtigen.

Für den Personalbereich begann in den sechziger Jahren eine Phase der Expansion. Die Empfehlungen des Wissenschaftsrates von 1960 hatten für Heidelberg eine Richtzahl von 7800 Studenten angesetzt; dafür wurden zu den vorhandenen 90 Lehrstühlen 40 neue, zumeist parallele Lehrstühle und zu den vorhandenen 28 planmäßigen Extraordinariaten 14 neue errechnet. Wie überall wurden auch in Heidelberg neue Stellengruppen eingeführt: Abteilungsleiter, Wissenschaftliche Räte, Akademische und Studienräte im Hochschuldienst. Damit stieg der Anteil des sog. akademischen Mittelbaus am Lehrkörper in der Folgezeit stark an. Mit den immer rascher wachsenden Studentenzahlen ist auch eine Personalvermehrung weit über die 1960 für ausreichend angesehene Zahl hinaus nötig geworden. Um die Entfaltung an einem besonders markanten Beispiel zu zeigen: Die Chemischen Institute verfügten 1959 über 2 Ordinarien, 3 Extraordinarien und 4 Dozenten – 10 Jahre später waren es 11 Ordinarien, ein Abteilungsvorsteher, 5 Wissenschaftliche Räte und 9 Dozenten.

Eine Erweiterung des wissenschaftlichen Kosmos und der Forschungs-, Lehr- und Lernmöglichkeiten erfuhr die Universität in den fünfziger und sechziger Jahren durch zahlreiche Institutsgründungen in allen Fakultäten. Schon 1947 war in der Theologischen Fakultät das Oekumenische Institut ins Leben gerufen worden, gefolgt 1954 vom

Diakoniewissenschaftlichen Institut. 1958 entstand das Institut für Politische Wissenschaft mit 2 Ordinarien, von denen je einer der Juristischen und der Philosophischen Fakultät angehörte. Neue Institute in der Juristischen Fakultät wurden für Kriminologie, für Finanz- und Steuerrecht und für Gesellschafts-, Wirtschafts- und Sozialrecht gegründet. Sehr viel größer war die Zahl der Institutsgründungen in der Philosophischen Fakultät. Hier entstanden Institute für lateinische Philologie des Mittelalters, Pädagogik, Sinologie, Sozial- und Wirtschaftsgeschichte, für international vergleichende Sozialstatistik und für osteuropäische Geschichte. Das Dolmetscherinstitut löste sich in mehrere Institute auf.

In der Medizinischen Fakultät gab es an Neugründungen die Psychosomatische Klinik und Institute für Allgemeine klinische Medizin, Serologie, Sozial- und Arbeitsmedizin, Anthropologie und Humangenetik, Geschichte der Medizin, Neuropathologie, Allgemeine Physiologie, Physiologische Chemie, Versuchstierkunde, Biochemie, Rechtsmedizin sowie für Medizinische Dokumentation, Statistik und Datenverarbeitung. Mit dem Klinikum Mannheim erhielt die Fakultät 1964, wie schon Krehl geplant hatte, den Ansatz für eine zweite Medizinische Fakultät, die bereits 3 Jahre später selbständig wurde. Die Naturwissenschaftlich-mathematische Fakultät teilte ihre großen Institute für Chemie und Physik und errichtete neben dem alten Botanischen und Zoologischen Institut Sonderinstitute für Biologische Chemie, Mikrobiologie, Molekulare Genetik und Neurobiologie. Aus dem Mathematischen Institut wurde das Institut für Angewandte Mathematik ausgegliedert, den Geowissenschaften das Institut für Sedimentforschung und das Laboratorium für Geochronologie hinzugefügt. 1970 wurde als eigene Fakultät die Pharmazie von Karlsruhe nach Heidelberg verlegt.

Als interdisziplinäre Einrichtung entstand 1963 das Südasien-Institut, das sich in heute 8 Abteilungen mit Geschichte und aktuellen Problemen der Entwicklungsländer jener Region beschäftigt. Von den nicht zur Universität gehörenden, aber ihr vielfältig verbundenen Instituten kam das Astronomische Rechen-Institut schon 1944 im Gefolge des Krieges von Dahlem nach Heidelberg, während das Deutsche Krebsforschungszentrum, dessen Gründung der Initiative Karl Heinrich Bauers zu verdanken ist, seit 1964 entstand. Neben dem von Krehl begründeten Institut für medizinische Forschung siedelten sich nach 1945 vier weitere Institute der Max-Planck-Gesellschaft in Heidelberg an, für Astronomie, für Kernphysik, für Zellbiologie und für Ausländisch-öffentliches Recht und Völkerrecht. Im Wintersemester 1979/80 nahm schließlich die „Hochschule für Jüdische Studien" ihren Lehrbetrieb in Heidelberg auf, die nach der Satzung „auf alle beruflichen

Tätigkeiten in der jüdischen Gemeinschaft vor(bereitet), die die Anwendung wissenschaftlicher Erkenntnisse und Methoden erfordern, vor allem auf religiöse Aufgaben". Heidelberg hat damit die Nachfolge der berühmten Lehrstätten in Berlin und Breslau angetreten.

Die äußere Expansion der Universität verband sich mit tiefgreifenden Änderungen des institutionellen Aufbaus. Die auf den Ordinarien beruhende und von ihnen getragene Universität wurde durch die Gruppenuniversität abgelöst. Dem entsprach in der Folgezeit die Ersetzung der alten Ranghierarchie: Ordinarius − Extraordinarius − außerplanmäßiger Professor − Dozent, durch eine neue Besoldungshierarchie. Die Satzung von 1945/52 wurde 1969 von einer Grundordnung abgelöst, von der der letzte Rektor alten Herkommens, der Romanist Baldinger, zu Recht feststellte: „Mit dieser Grundordnung geht eine Universität unter, die zu Beginn des 19. Jahrhunderts in ihren Grundlinien konzipiert wurde." Die Kurzatmigkeit staatlicher Hochschulpolitik und der verschiedenen Reformkonzeptionen zeigt sich darin, daß die Grundordnung bereits 1977 geändert und 1979 ganz neu gefaßt werden mußte.

Heidelberg blieb bei der Rektoratsverfassung, ersetzte aber den jährlich wechselnden Rektor durch ein mehrjährig amtierendes Gremium aus Rektor, 2 Prorektoren und Kanzler. Zur allgemeinen Beratung des Rektorats und mit Beschlußkraft in allen Haushaltsangelegenheiten wurde ein Verwaltungsrat eingerichtet. Die verfaßte Studentenschaft als Zwangsorganisation ist seit 1979 abgeschafft. Im Zusammenhang mit der Grundordnung fiel 1969 auch die traditionelle Gliederung in 5 Fakultäten; stattdessen wurden 16, heute 18 Fakultäten geschaffen, jeweils mit mehreren Fachgruppen als unterster Verwaltungs- und Entscheidungsebene, die aber 1979 wieder aufgelöst worden sind. Von den alten Fakultäten blieben nur die Theologische und die Juristische Fakultät erhalten, die Medizinische Fakultät ist heute geteilt in 5 Fakultäten (Naturwissenschaftliche Medizin, Theoretische Medizin, Klinische Medizin I, II, Mannheim), die Philosophische Fakultät gleichfalls in 5 Nachfolgefakultäten (Philosophisch-Historische, Orientalistik und Altertumswissenschaft, Neuphilologische, Wirtschaftswissenschaftliche, Sozial- und Verhaltenswissenschaften) und die Naturwissenschaftlich-mathematische Fakultät in 6 Fakultäten (Mathematik, Chemie, Pharmazie, Physik und Astronomie, Biologie, Geowissenschaften).

Die Notwendigkeit institutioneller Reformen, die vielfach verstärkten finanziellen Anforderungen und die wachsenden Studentenzahlen verschafften dem Staat bisher nie gekannte Einwirkungsmöglichkeiten auf die Universität und führten nahezu zu einem „Regelungsübermaß" (Hall). Zentrale Vergabe der Studienplätze in den vom Numerus clausus betroffenen Fächern, Kapazitätsverordnungen und Deputatsregelungen, Vorschriften für Studien- und Prüfungsordnungen sind Stichworte zur Bezeichnung dieser Ausdehnung der Staatsbefugnisse gegenüber der Universität. Der Bereich der akademischen Selbstverwaltung schrumpfte demgegenüber – sichtbar wird dies rein äußerlich darin, daß die Grundordnung von 1969 noch 169 Paragraphen enthielt, während sie 1979 als reines Organisationsstatut auf 35 Paragraphen beschränkt blieb; alles andere hatte der Gesetzgeber geregelt.

Von der Studentenbewegung seit Ende der sechziger Jahre ist Heidelberg besonders nachhaltig betroffen worden. Erstmals wurde 1967 die Jahresfeier gestört, 1968 kam es zur Dauerkonfrontation zwischen Rektor und Studentenvertretung, ausgehend vom studentischen Anspruch auf ein politisches Mandat und mündend in Gewaltanwendung, Nötigung und Zerstörung. Die in den nächsten Jahren wiederholten Anstrengungen radikaler Minderheiten, „den Klassenkampf an die Universitäten zu tragen", legten mit sog. aktiven Streiks, Vorlesungs- und Seminarstörungen, Ausübung von Terror gegen einzelne Professoren, Sprengung von Sitzungen akademischer Gremien mehrfach den geordneten Betrieb, vor allem in den geisteswissenschaftlichen Fächern, lahm. Erst nach dem Rektoratswechsel Ende 1972 wurde die Selbstverständlichkeit wieder verdeutlicht, daß die Universität kein rechtsfreier Raum ist, und den Störungen und terroristischen Praktiken mit Entschiedenheit entgegengetreten.

Die Gegenwart der Universität ist geprägt von der rasch zunehmenden Diskrepanz zwischen gestellter Aufgabe und Beschränkung der zur Erfüllung notwendigen Mittel. In Heidelberg studieren mit 23 000 Immatrikulierten 1982 so viele Studenten wie vor hundert Jahren an sämtlichen Universitäten des Deutschen Reiches. Ihnen stehen etwa 700 Professoren gegenüber. Von verschiedenen Seiten wird versucht, die Einheit von Forschung und Lehre – wenigstens vorübergehend – aufzulösen und der Universität die Funktion einer reinen Unterrichtsanstalt zuzuweisen. Dieser Gefährdung von Sinn und Geist der Universität gilt es entgegenzutreten und die Verpflichtung wahrzunehmen, „dem lebendigen Geist" zu dienen – im Wissen um die sechshundertjährige Tradition Heidelbergs, aber auch in Offenheit für die Aufgaben der Zukunft.

Ausgewählte Literatur

1. Bibliographien

Erman W, Horn E (1904/1905) Bibliographie der deutschen Universitäten, 3 Bde. Leipzig (Nachdruck 1965, über Heidelberg: Bd 2, S 404 ff)
Stark E, Hassinger E (1974) Bibliographie zur Universitätsgeschichte 1945–1971. Freiburg, München (über Heidelberg: S 162 ff)

2. Quellen

Hintzelmann P (Hrsg) (1886) Almanach der Universität Heidelberg für das Jubiläumsjahr 1886. Heidelberg
Hinz G (Hrsg) (1953) Studienführer der Ruprecht-Karl-Universität, 1. Aufl. Heidelberg (7. Aufl ebd 1967)
Jellinek G (Hrsg) (1908) Gesetze und Verordnungen für die Universität Heidelberg. Heidelberg
Kasper G, Huber H, Kaebsch K, Senger F (Hrsg) (1942/1943) Die deutsche Hochschulverwaltung. Sammlung der das Hochschulwesen betreffenden Gesetze, Verordnungen und Erlasse, 2 Bde Berlin
Toepke G (Hrsg) (1884–1916) Die Matrikel der Universität Heidelberg, 7 Bde Heidelberg
Thorbecke A (Hrsg) (1891) Statuten und Reformationen der Universität Heidelberg vom 16. bis 18. Jahrhundert. Leipzig
Weisert H (1968) Die Rektoren der Ruperto Carola zu Heidelberg und die Dekane ihrer Fakultäten 1386–1968. Heidelberg (Anlage zu: Ruperto-Carola, 20. Jg Bd 43; Nachträge vgl Ruperto-Carola 30. Jg Bd 61 – Dezember 1978, S 92 ff)
Winkelmann E (Hrsg) (1886) Urkundenbuch der Universität Heidelberg, 2 Bde. Heidelberg

3. Zeitschriften

Heidelberger Jahrbücher (1957 ff.) Bd 1 ff. Berlin Göttingen Heidelberg
Ruperto Carola (1949 ff.) Mitteilungsblatt (Zeitschrift) der Vereinigung der Freunde der Studentenschaft der Universität Heidelberg. Heft 1 ff. Heidelberg

4. Darstellungen

Acta Saecularia (1904) Zur Erinnerung an die Zentenarfeier der Erneuerung der Universität durch Seine Königliche Hoheit den Großherzog Carl Friedrich. Heidelberg

Andreas W (1913) Geschichte der badischen Verwaltungsorganisation und Verfassung in den Jahren 1802–1818. Leipzig

Bauer KH (Hrsg) (1947) Vom neuen Geist der Universität. Dokumente, Reden und Vorträge 1945/46. Berlin Heidelberg

Beiträge zur Geschichte der Universität Heidelberg (1936) Der Ruperto-Carola zur Feier ihres 550jährigen Bestehens gewidmet von der Badischen Historischen Kommission. Zeitschrift für die Geschichte des Oberrheins 89

Benz R (1975) Heidelberg – Schicksal und Geist, 2. Aufl. Sigmaringen

Bollmus R (1973) Handelshochschule und Nationalsozialismus. Das Ende der Handelshochschule Mannheim und die Vorgeschichte der Errichtung einer Staats- und Wirtschaftswissenschaftlichen Fakultät an der Universität Heidelberg 1933/34. Meisenheim

Brunn H (1950) Wirtschaftsgeschichte der Universität Heidelberg von 1558 bis zum Ende des 17. Jahrhunderts. Phil Diss, Heidelberg

Carmon A (1974) The University of Heidelberg and national socialism 1930–1935. Phil Diss, Wisconsin

Derwein H (1940) Die Flurnamen von Heidelberg. Heidelberg

Dietz E (1895) Die deutsche Burschenschaft in Heidelberg. Ein Beitrag zur Kulturgeschichte deutscher Universitäten. Heidelberg

Fischer K (1903) Die Schicksale der Universität Heidelberg (Festrede von 1886). Heidelberg

Glockner H (1969) Heidelberger Bilderbogen. Erinnerungen. Bonn

Gothein ML (1931) Eberhard Gothein. Ein Lebensbild seinen Briefen nacherzählt. Stuttgart

Hartshorne EY jr (1937) The german universities and national socialism. London

Häusser L (1845) Geschichte der Rheinischen Pfalz nach ihren politischen, kirchlichen und literarischen Verhältnissen, 2 Bde. Heidelberg (Letzter Nachdruck Speyer 1978)

Hautz JF (1862–1864) Geschichte der Universität Heidelberg, 2 Bde. Mannheim

Heidelberger Professoren aus dem 19. Jahrhundert (1903) Festschrift der Universität zur Zentenarfeier ihrer Erneuerung durch Karl Friedrich, 2 Bde. Heidelberg

Hinz G (Hrsg) (1961) Ruperto-Carola. Sonderband: Aus der Geschichte der Universität Heidelberg und ihrer Fakultäten (darin u. a. Bornkamm H: Die Heidelberger Theologische Fakultät; Dickel G: Die Heidelberger Juristische Fakultät; Klauser R: Aus der Geschichte der Heidelberger Philosophischen Fakultät; Krabusch H: Zeittafel). Heidelberg

Hinz G (Hrsg) (1965) Die Ruprecht-Karl-Universität Heidelberg. Berlin Basel

Hirsch F (1903) Von den Universitätsgebäuden in Heidelberg. Ein Beitrag zur Baugeschichte der Stadt. Heidelberg

Jaspers K (1967) Schicksal und Wille. Autobiographische Schriften. München

Keller RA (1913) Geschichte der Universität Heidelberg im ersten Jahrzehnt nach der Reorganisation durch Karl Friedrich (1803–1813). Heidelberg

König R, Winckelmann J (Hrsg) (1963) Max Weber zum Gedächtnis. Kölner Zeitschrift für Soziologie und Sozialpsychologie (Sonderheft) 7

Krabusch H (1968) Die Universität. In: Die Stadt- und die Landkreise Heidelberg und Mannheim. Amtliche Kreisbeschreibung, Bd 2. Karlsruhe, S 288 ff

Krebs H, Schipperges H (1968) Heidelberger Chirurgie 1818–1968. Berlin Heidelberg New York

Merkel G (1973) Wirtschaftsgeschichte der Universität Heidelberg im 18. Jahrhundert. Stuttgart

Moraw P, Karst T (1963) Die Universität Heidelberg und Neustadt an der Haardt. Speyer

Mugdan L (1964) Jesuiten im Lehrerkollegium der Universität Heidelberg während des 18. Jahrhunderts. Zeitschrift für die Geschichte des Oberrheins 112:187 ff.

Press V (1970) Calvinismus und Territorialstaat. Regierung und Zentralbehörden der Kurpfalz 1559–1619. Stuttgart

Radbruch G (1951) Der innere Weg. Aufriß meines Lebens. Stuttgart

Riese R (1977) Die Hochschule auf dem Wege zum wissenschaftlichen Großbetrieb. Die Universität Heidelberg und das badische Hochschulwesen 1860–1914. Stuttgart

Ritter G (1936) Die Heidelberger Universität. Ein Stück deutscher Geschichte, Bd 1: Das Mittelalter (1386–1508). Heidelberg

Schnabel F (1927) Sigismund von Reitzenstein, der Begründer des badischen Staates. Heidelberg

Schneider F (1913) Geschichte der Universität Heidelberg im ersten Jahrzehnt nach der Reorganisation durch Karl Friedrich (1803–1813). Heidelberg

Stübler E (1926) Geschichte der medizinischen Fakultät der Universität Heidelberg 1386–1925. Heidelberg

Thorbecke A (1886) Geschichte der Universität Heidelberg, Abt 1: Die älteste Zeit der Universität Heidelberg 1386–1449. Heidelberg

Tompert H (1969) Lebensformen und Denkweisen der akademischen Welt Heidelbergs im Wilhelminischen Zeitalter. Lübeck Hamburg

Universität Heidelberg – Geschichte und Gegenwart 1386–1961. Katalog der Ausstellung im Ottheinrichsbau des Heidelberger Schlosses – Juni bis Oktober 1961

Die Universität Heidelberg (1936) Ein Wegweiser durch ihre wissenschaftlichen Anstalten, Institute und Kliniken. Heidelberg

Weber G (1886) Heidelberger Erinnerungen. Stuttgart

Weber M (1926) Max Weber. Ein Lebensbild. Tübingen

Weech F v, Krieger A, Obser K (Hrsg) (1875–1935) Badische Biographien, 6 Bde. Karlsruhe

Weisert H (1974) Die Verfassung der Universität Heidelberg. Überblick 1386–1952. Heidelberg (Abb. der Heidelberger Akademie der Wissenschaften. Phil-hist Kl Jg 1974, Abh 2)

Wentzcke P, Heer G (1919–1939) Geschichte der Deutschen Burschenschaft, 4 Bde. Heidelberg (Quellen und Darstellungen zur Geschichte der Burschenschaft und der deutschen Einheitsbewegung, Bd 6, 10, 11, 16)

Heidelberger Jahrbücher

Herausgeber: Universitäts-Gesellschaft.Heidelberg
Schriftleitung: H. Schipperges

Band 26
1982. VII, 327 Seiten
DM 32,-. ISBN 3-540-11739-3

Inhaltsübersicht: E. Wolgast: Widerstand im Dritten Reich. - H.-G. Sonntag: Heutige Stellung und Aufgabe der Hygiene in der Medizin. - F. Heyer: Johann Caspar Bluntschli als protestantischer Laienführer in Heidelberg 1861-1881. Zum 100. Todestag am 21. Oktober 1881. - R. Schmidt-Wiegand: Eberhard Freiherr von Künßberg - Werk und Wirkung. - E. Demm: Zivilcourage im Jahre 1933. Alfred Weber und die Fahnenaktionen der NSDAP. - H. Elsässer: Die Entstehung der Welt. - W. Jacob: Anthropologie als Grundfrage in Geschichte, Philosophie und Medizin. Bericht über ein interdisziplinäres Seminar. - J. Roth: Petăr Beron und seine Fischfibel. Ein Beitrag zur geistig-kulturellen Entwicklung Bulgariens im 19. Jahrhundert. - Aus der Arbeit der Universitätsinstitute: H. Gropengiesser: Bericht aus Antikenmuseum und Abguß-Sammlung. - Bibliographie: Schriftenverzeichnis der Heidelberger Dozenten. Veröffentlichungen aus dem Jahr 1981. Ergänzungen und Berichtigungen zum Schriftenverzeichnis in den Jahren 1958 bis 1981. Alphabetisches Namenregister zur Dozentenbibliographie. Inhaltsverzeichnis der Bände 1-25.

Band 25
1981. VII, 343 Seiten
DM 32,-. ISBN 3-540-10809-2

Inhaltsübersicht: G. Schettler: Die ärztliche Praxis zwischen Vorsorge und Rehabilitation. - D. Henrich, H. Trier, P. A. Riedl: Hann Triers Deckengemälde in der Bibliothek des Philosophischen Seminars. - C. V. Bock: Friedrich Gundolf 1880-1931: „Verblassendes Blendwerk" oder „Lebendiger Geist"? - E. Hesse: Victor Goldschmidt. Persönliche Erinnerungen an einen Kristallforscher von Weltruf.- P. Gerhardt: Die Entwicklung der Tong-Ji Universität und der Wuhan Medizinischen Hochschule in China. - E. Mittler: Das Gebäude der Universitätsbibliothek Heidelberg (Plöck 107-109). Eine Bestandsaufnahme 75 Jahre nach seiner Eröffnung. - K. zum Winkel: Naturwissenschaft und Technik in der Medizin aus radiologischer Sicht. - F. Strack: Das Palais Sickingen-Boisserée und seine Bewohner. - D. von Engelhardt: Arzt und Patient in der Literatur. Erfahrungen und Perspektiven eines interdisziplinären Seminars an der Universität Heidelberg. - Aus der Arbeit der Universitätsinstitute: H.-J. zum Winkel: Das Slavische Institut der Universität Heidelberg. Zur Geschichte seiner Gründung. - Schriftenverzeichnis der Heidelberger Dozenten. Veröffentlichungen aus dem Jahr 1980. - Ergänzungen und Berichtigungen zum Schriftenverzeichnis in den Jahren 1969 bis 1980. - Alphabetisches Namenregister zur Dozentenbibliographie. - Inhaltsverzeichnis der Bände 1-24.

Springer-Verlag
Berlin
Heidelberg
New York

Heidelberger Jahrbücher

Herausgeber: Universitäts-Gesellschaft Heidelberg
Schriftleitung: H. Schipperges

Band 24

1980. 30 Abbildungen, 3 Tabellen. VII, 346 Seiten
DM 32,-. ISBN 3-540-10175-6

Inhaltsübersicht: A. Laufs: Recht und Gewissen des Arztes. - E. Bautz: Die Krone der Schöpfung - Der Affe auf dem Weg zum Gott? - D. Henrich: Denken und Felsgrund der Forschung. Für und über Paul Oskar Kristeller bei der goldenen Promotion. - P. O. Kristeller: Philosophie und Gelehrsamkeit. - H. A. Staab: 50 Jahre Kaiser Wilhelm/Max-Planck-Institut für medizinische Forschung Heidelberg. - H. Tellenbach: Die Wirklichkeit, das Komische und der Humor. - H. Neubauer: Chemiker und Musikant. Alexander Borodins Heidelberger Jahre (1859-1862). - F. Vogel: Humangenetik - Wissenschaft zwischen Betrachten und Handeln. - H. Schipperges: Das alchymische Denken und Handeln bei Alexander von Bernus. - Aus der Arbeit der Universitätsinstitute: P. Hahn: Allgemeine Klinische und Psychosomatische Medizin - Entwicklung und Standort. - Bibliographie: Schriftenverzeichnis der Heidelberger Dozenten. Veröffentlichungen aus dem Jahr 1979. Ergänzungen und Berichtigungen zum Schriftenverzeichnis in den Jahren 1971 bis 1979. Alphabetisches Namenregister zur Dozentenbibliographie. - Inhaltsverzeichnis der Bände 1-23.

Band 23

1979. 10 Abbildungen, davon 2 farbig. VII, 329 Seiten
DM 25,-. ISBN 3-540-09489-X

Springer-Verlag
Berlin
Heidelberg
New York

Inhaltsübersicht: W. Henss: Carl Wehmer in memoriam. - B. Luban-Plozza: Musik und Psyche. Aphorismatischer Versuch eines Zuganges. - W. Jaeger: Goethes Untersuchungen an Farbenblinden. - W. Marx: Soziale Wirklichkeit und soziologische Theorienbildung. - A. Laufs: Gustav Radbruch - Leben und Werk. - R. Unterberger: Das Goethe-Wörterbuch. - K.-V. Selge: Heinrich Bornkamm (1901-1977) als Kirchenhistoriker und Zeitgenosse. - W. Conze: Verfall der Universität? Erinnerungen und Ausblick. - Aus der Arbeit der Universitätsinstitute: W. Conze, D. Mussgnug: Das Historische Seminar. - Bibliographie: Schriftenverzeichnis der Heidelberger Dozenten. Veröffentlichungen aus dem Jahr 1978. Ergänzungen und Berichtigungen zum Schriftenverzeichnis in den Jahren 1975 bis 1978. Alphabetisches Namenregister zur Dozentenbibliographie. Inhaltsverzeichnis der Bände 1-22.